Joachim Breschke

Kompostfibel

Boden fruchtbar machen
und Hausmüll beseitigen

Lehrmeister-Bücherei Nr. 635
Albrecht Philler Verlag · 4950 Minden

Bildnachweis
Das Umschlagbild zeigt den Erfinder des „Mücke-Kompostsilos“, Herrn Diplomgärtner Karl-Heinz Mücke

Satz und Druck: Albrecht Philler Verlag, Minden
Bindearbeiten: Heinrich Altvater KG, Minden-Todtenhausen
ISBN 3 7907 0635 3
48065

Inhaltsverzeichnis

Die modernen Kompostierverfahren

Gesunder Kompost

Allzuviel ist ungesund. Diese Grundregel pflanzlicher Ernährung ist in den letzten Jahren verstanden worden. Aber daraus ist das Mißverständnis entstanden, daß allzuwenig gesund sein müsse. Ein unzulässiger Schluß. Im privaten Garten wird oft auf Nährstoffnachschub verzichtet, damit alles natürlich und biologisch gedeihe. In der freien Natur wächst es, ohne daß einer düngt. Das ist richtig, solange natürliche Nahrungsquellen fließen.

Soll der Boden intensiv genutzt werden, die Pflanzen nicht unterernährt, halb verhungert und geschwächt eine leichte Beute von Schädlingen und Krankheiten werden, müssen Nährstoffe in ausreichenden Mengen zugeführt werden. Nicht genug damit, der Boden muß fruchtbar, krümelig, durchlässig, locker, feucht, mit einem Wort lebendig, humos, gar gemacht werden. Bodengare ist die ideale Grundlage für jedes Pflanzenwachstum.

Humus aus Haus und Garten erfüllt beide Aufgaben zugleich. Sicher gibt es andere Möglichkeiten der Humusversorgung oder gab es; denn wo kriegt man heute noch Stallmist her! Andere wie Torf sind entweder frei von Nährstoffen und verrotten sehr langsam (das ist sein besonderer Vorzug) oder sie sind mit den mineralischen Düngemitteln vermischt, die man vermeiden wollte. Es gibt Humusdünger auf organischer Basis, die alle Vorzüge des eigenen Komposts mitbringen, nur einen nicht: sie gibt's nicht umsonst.

Solange kein guter Eigenhumus produziert wird oder falls der nicht ausreicht, wird man auf die entsprechenden Handelsdünger zurückgreifen müssen. Aber es gibt zwei weitere Wege, aus eigenen Mitteln die Bodenfruchtbarkeit zu verbessern: Gründüngung und Mulchen. Die Einsaat von stickstoffsammelnden oder nur Grünmasse erzeugenden Futterpflanzen kommt aus der Dreifelderwirtschaft, bei der ein Drittel des Landes brach liegenbleibt, um sich „zu erholen". Diese frühzeitige Methode ist im modernen Garten nur sehr begrenzt anwendbar. Anders das Mulchen, die Bodendecke aus organischem Material, wenn man es hat und nichts gegen das Aussehen von vergilbtem Gras, Stroh, Wellpappe oder ähnlichen Stoffen. Aus diesem Grunde zieht man Torf vor oder wählt Schwarzfolien, die so fein geschlitzt sind, daß Regenwasser durchdringt, während der Unkrautwuchs unterdrückt wird.

Die bloße Schattengare unter irgendeinem hauchdünnen Kunststoffilm ist nicht vergleichbar mit der Tiefenwirkung einer Lage Kompost. Dieser vereinigt alle Vorteile in sich, bringt darüber hinaus andere Vorzüge. An erster Stelle die Beihilfe zur häuslichen Müllentsorgung. Gartengrün ließe sich zur Not frisch oder jeweils nach Anfall untergraben, was aus der Küche kommt, weniger.

Wie hoch die Abfallberge geworden sind und in den 80er Jahren sein werden, zeigen die neuesten Zahlen des Statistischen Bundesamtes: Von den Kommunen und Landkreisen müssen jährlich mehr als hundert Millionen Tonnen Abfälle beseitigt werden, ein Viertel davon aus privaten Haushalten. Leicht auszurechnen: auf jeden Bundesbürger entfällt eine halbe Tonne. Die Kosten der Beseitigung sind auf 3 Milliarden jährlich gestiegen und werden sich im nächsten Jahrzehnt verdoppeln. Als Vorbild wird auf die Landwirtschaft hingewiesen, die mehr als 90 % der pflanzlichen Reststoffe wieder verwendet.

Nicht zu unterschätzen ist die volkswirtschaftliche Bedeutung der auf diese Weise erhaltenen Rohstoffe. Düngemittel aus industrieller Produktion stehen keineswegs in unerschöpflichen Mengen zur Verfügung. Phosphate werden aus überseeischen Lagerstätten importiert und schon mal, wie das Öl, als Druckmittel eingesetzt. Stickstoff ist in der Luft reichlich vorhanden, aber zur Düngemittelherstellung sind hohe Energiemengen erforderlich. Um eine Tonne Stickstoff zu produzieren, müssen 1,1 Tonne Schweröl oder 1200 Kubikmeter Erdgas verheizt werden, zwei Drittel davon als Rohstoff für die Umwandlung. Der Kompost ist zwar kein wirksames Mittel gegen ein neues Scheich-Embargo, aber bei Millionen Selbstversorgern ergibt sich daraus ein Stück wirtschaftlicher Unabhängigkeit.

Der eigene Kompost fördert außerdem die Gesundheit auf direktem Wege, als Trimm-Übung und körperliche Betätigung. Früher ist vom Kompostieren gerade deswegen abgeraten worden. „Wozu die Anstrengung?" hieß es in Zeiten des intelligenten Faulen, wenn es diese feinen, bequemen Plastiktüten gibt, die man nur in den fahrbaren Düngerstreuer zu leeren braucht. Heute ist man vom Faulenzergarten abgerückt und empfiehlt eine Teilfläche zum Intensivanbau, gerade weil es körperlich anstrengend ist.

Die neuen Methoden der Kompostierung in Behältern halten den körperlichen Kraftaufwand in tragbaren Grenzen. Vernünftigerweise stellt man den Silo nicht in den hintersten Gartenwinkel, sondern nahe neben die Tür, so daß die Wege erträglich sind. Dann bleibt das einmalige Umfüllen, oft entfällt dieses noch, und später das Ausbreiten über das Land sowie je nach Zweck leichtes Unterarbeiten.

In den Kompostbereitern sind die Rottevorgänge besser unter Kontrolle zu halten, mit geschickter Packung gut ausgewählter Zuschläge so zu steuern, daß die Selbsterhitzung vorhandene Keime und Unkrautsamen abtötet. Ein Vorbehalt gegen den Kompost ist damit ebenso aus dem Wege geräumt wie der Platzbedarf und etwaiges Naserümpfen.

Kompost komponieren

Die Aufgaben der Kompostwirtschaft in der Abfallbeseitigung dürfen nicht dazu führen, die Silos wie Mülltonnen zu füllen. Die Abfälle sollen nicht wahllos zusammengeschüttet werden. Natürlich bleibt der Kompost von den zufällig oder jahreszeitlich unterschiedlich anfallenden Abfallarten abhängig. Weil die richtigen Rohstoffe und ihre sachgerechte Aufbereitung darüber entscheiden, was für eine Masse daraus wird, muß geklärt werden, was Kompost ist.

Das Wort selbst gibt Aufschluß: es bedeutet „zusammengesetzt", „komponiert". Der Botaniker nennt eine aus vielen Einzelblüten zusammengesetzte, meist scheibenförmige Korbblüte Komposite. Aus der Schule erinnern wir uns an das Mixtum compositum, eine aus vielen Komponenten zusammengesetzte Mischung. Ein Komplex ist eine Zusammenfassung.

Nun kommt es darauf an, was zusammengefaßt wird: verrottende organische Masse, die von Klein- und Kleinstlebewesen biologisch abgebaut wird. Die Hauptarbeit wird von luftliebenden (aeroben) Mikroben geleistet, die vom Kohlenstoff organischer Stoffe leben. Sie brauchen dazu aufnehmbaren Stickstoff, um ihr körpereigenes Eiweiß aufzubauen, Luft und Wasser. Es muß ein ausgewogenes Verhältnis dieser Bestandteile in gleichmäßiger, feiner Verteilung vorhanden sein, ehe ihre ebenso zersetzende wie aufbauende Tätigkeit beginnen kann.

Da die Verrottung weitergeht, muß zu Anfang und Ende ein Grenzstreifen abgesteckt werden. Nach verhältnismäßig kurzer Zeit ist im Kompostsilo ein Zustand erreicht, den man Rohkompost nennt, eine grobe Masse von einheitlich dunkler Farbe, deren Bestandteile noch leicht zu unterscheiden sind. Dieser geht in reifen Kompost über, wenn die Masse in Krümelung und Dichte gleichmäßiger geworden ist, eine gemeinsame Struktur fester Humus-Komplexe angenommen hat. Nach längerer Liegezeit geht dieser Zustand in einen erdigen über, den man Komposterde nennt und anders verwendet als die frischen Kompostformen.

Von Anfang bis Ende hängt der Erfolg der Kompostbereitung von der aeroben, mit Sauerstoff ablaufenden Rotte ab, die scharf abgegrenzt werden muß (so oft es ineinander übergeht) von der anaeroben, ohne Sauerstoff verlaufenden Fäulnis. Faulende organische Substanz stinkt, deshalb war es ein Irrtum unserer Großväter, die meinten, „was stinkt, das düngt". Fäulnis ist niemals die „Mutter des Wachstums", sondern entwickelt übelriechende Gase aus Stoffwechselabfällen wie Schwefelwasserstoff, andere giftige Verbindungen (Phenole) und Methan, die Lockstoffe für unerwünschte Insekten sind. Ammoniak lockt blutsaugerische Insekten an. Die aus faulendem Eiweiß entstehende Buttersäure ist ein Geschlechtslockstoff. Daher die Regel, auf mit frischem Stallmist oder jungem, halbverrottetem Kompost gedüngtes Land kein Gemüse zu setzen, das wie Karotten, Zwiebeln, Rettiche oder Blumenkohl unter Gemüsefliegen zu leiden hat.

In der luftigen Rotte werden keine Gerüche erzeugt, die Ungeziefer heranholen. Vielmehr beginnt die Verrottung mit pflanzlichen Bodenlebewesen der luftliebenden Arten wie Schimmel-, Hefe- und Strahlenpilzen. Danach kommen die gefräßigen Mikroben, Würmer, Springschwänze zum Zuge. Diese nützlichen Lebewesen im Boden wie im Komposter werden von den luftabgeschlossenen verdrängt, sie können nicht im selben Milieu gedeihen. Pflanzenwurzeln biegen ab, sobald sie an eine faulige Stelle kommen. Es ist deshalb bei tierischem Dung (der immer anaerob den Darm verläßt) wie bei anderen faulenden oder stark faulungsfähigen Abfällen dafür zu sorgen, daß sie bei der Kompostierung ausreichend durchlüftet, locker genug gelagert und später auf dem Land als frischer Kompost nur etwa 5 cm flach untergeharkt werden, um der Entstehung von Fäulnisherden vorzubeugen.

Es liegt in der Natur vielfältiger Erscheinungen, daß die Grenzen fließend sind, aber das heißt nicht, die begriffsbestimmenden Merkmale wären unscharf oder überflüssig. Das beweist der Blick in die Landes-Verordnungen zum Bundes-Abfallbeseitigungsgesetz von 1972. Da ist beispielsweise von pflanzlichen Abfällen die Rede, wozu man Papiererzeugnisse mitzählen kann. Es gibt weitergehende bemerkenswerte Einschränkungen, beispielsweise in dem Text aus Baden-Württemberg, wo Abfälle nur auf gärtnerisch genutzten Grundstücken anfallen dürfen. In Nordrhein-Westfalens Verordnung über die Beseitigung pflanzlicher Abfälle außerhalb Abfallbeseitigungsanlagen vom 15. 7. 1976 sind neben dem Kompostieren „ähnliche Verfahren" (Verrotten) genannt.

Auf einem juristisch gewundenen Umweg hat das Bayerische Umweltministerium, das einzige in der Bundesrepublik, dafür gesorgt, daß organischer Hausmüll, ohne Rücksicht darauf, ob ausschließlich pflanzlicher Herkunft, kompostiert werden darf. Es würde zu weit führen, all den advokatischen Winkelzügen zu folgen. Schwierig wird die Frage, was Abfall ist, weil daraus Eigentumsprobleme entstehen. Will man sich seiner entledigen, ist es welcher, aber wer hat das mit seinem Kompost schon vor!

Das dürfen wir getrost den Juristen überlassen, wenn nur klar genug ist, daß die Abfallbeseitigung im Garten Vorschriften unterliegt, von denen der Grundsatz lautet, daß Kompost so bereitet werden muß, daß keine Belästigung für die Nachbarschaft entsteht. Mit den geruchlos und hygienisch arbeitenden Kompost-Containern sind die Bedingungen am besten zu erfüllen.

Die natürliche Humusversorgung

Wenn im Herbst das Laub gefallen ist, alle krautigen Pflanzen einziehen, verwelken, erfrieren, beginnt in der Natur der ewige Kreislauf. Pflanzliches Gewebe wird zu fruchtbarem Humus, auf dem sich die nächste Blüte öffnet. Im Garten wird das gefördert, indem Ernterückstände, Fallaub und Küchenabfälle vom Vorratseinlagern verteilt und in die Oberkrume eingearbeitet werden. Die Landwirtschaftliche Versuchsstation Limburgerhof hat in vieljährigen Versuchen nachgewiesen, daß diese primitive Humusversorgung ebenso wirksam ist, wie wenn dieselben Grünmassen abgefahren, kompostiert, zurückgefahren und dann eingearbeitet werden. Wird etwas Torf zugefügt, erhöht das die Dauerwirkung, wird angereicherter Torf wie Super-Manural oder ein anderes organisch-mineralisches Düngemittel ausgestreut, verbessert das die Fruchtbarkeit.

Die Auswirkungen dieser landwirtschaftlichen Methode kommen einfach zustande. Findet die Verrottung an Ort und Stelle statt, wirkt das von Anfang an auf Bodenleben und Bodengare. Das langsame Vergehen gröberer Teile hinterläßt gelockerte Partien, sie bleiben länger krümelig. Im dicht bewachsenen Garten gibt es natürliche Grenzen dafür, denn wenig Land wird gegraben, die anfallende Grünmasse ist zu gering. Was das ganze Jahr über anfällt, wäre verloren. Außerdem ist es gesetzlich nicht zulässig, Abfälle im Garten zu verteilen. Wer es gewohnheitsmäßig getan hat, wird wissen, was damit gemeint ist.

Selbst bei ausgedehntem Gemüsebau im Garten gibt es einen Grund, die Pflanzenreste nach jeder Kultur abzuräumen. Heute gehen die Mischkulturen vor-, zwischen-, neben- und nacheinander in lückenloser Folge vom folienüberdeckten Vorfrühling bis in die Wintermonate hinein, solange Grün- und Rosenkohl, Feldsalat und Porree, Winterspinat und Schwarzwurzeln auf ihre Abernte warten. Da könnte erst gegraben werden, wenn die letzte Tracht das Feld geräumt hat.

Dieselben Wissenschaftler, die erst das unkompostierte Untergraben empfohlen haben, sind später auf die Vorteile der umbruchlosen Bodenpflege gekommen. Also überhaupt nicht mehr die Oberkrume aufbrechen, mischen, lockern, wenden. Ganz gewiß nicht im Wurzelbereich von Gehölzen und Stauden, einschließlich dem Obst, deren saugfähiger Anteil feiner Haarwurzeln durchweg dicht unter der Oberfläche liegt. Moderne Ziergärten werden praktisch nur mit Bodendecke überzogen, am besten mit einem humushaltigen Belag wie Kompost.

Früher ist das eine Platzfrage gewesen; denn der übliche Kompostplatz verlangte die doppelte Sohlenbreite der Miete von 1,50 bis 2,00 m, ein fußbreiter Steg dazwischen und rundherum. Nach Seifert braucht man für 100 m² Gartenfläche eine 3 bis 4 m lange Kompostmiete. Einen Platz zum Stehen, Umstechen, Durchsieben braucht man ebenso wie eine Abpflanzung aus Ziersträuchern; denn frisch aufgeschütteter Kompost sieht selten attraktiv aus, außerdem sollte er schattig liegen. In die heutigen Minigärten paßt das nicht mehr. Nicht zu reden vom Kompostplatz mit plattenbelegten Gehwegen und Wasseranschluß.

Die Mieten älterer Kompostverfahren hatten lange zu liegen, selbst wenn man nicht bis zur völligen Verrottung nach mehrmaligem Umsetzen drei bis vier Jahre gewartet hat. In jahrelangen Liegezeiten sammelt sich viel Material an, das bei jedem Arbeitsgang erhebliche Kräfte verschleißt. Am Ende fallen auf einmal größere Massen fertiger Kompost an, die den Bedarf übersteigen und irgendwo abgelegt werden, damit Platz für neuen geschafft wird. Fertiger Kompost läßt sich nicht beliebig lange lagern, sondern vererdet bald.

Erst die Kompostsilos lösen das Raumproblem, denn für sie braucht man wenig mehr Platz als für eine Mülltonne. Sie arbeiten völlig geruchlos, so daß sie in Hausnähe stehen können, keine langen Wege entstehen, wenn sie laufend mit Frischabfällen gefüllt werden. Ältere Modelle lassen sich mit aufgesetzten Rahmen erhöhen. Andere werden an dem stehenbleibenden Kompostwürfel hochgezogen, wobei etwas wie ein „wachsender" Silo entsteht, der in Zeiten hohen Anfalls von Abfall ausreichenden Aufnahmeraum bietet.

Ist das Maß voll, werden die ineinandergesteckten Wandteile auseinandergezogen, damit der Inhalt von allen Seiten zugänglich auf dem Sickerrost steht. Das ist eine große Arbeitserleichterung. Gleich nebenan werden die Siloteile wieder zusammengesteckt, die oberste, noch nicht verrottete Lage als unterste des neuen Würfels eingefüllt und der fertige Kompost von oben herunter abgestochen, dabei zugleich gemischt und in Obstkisten oder sonstige Gefäße gefüllt, um im Garten verteilt zu werden.

Wo auf natürlichem Wege Humus entsteht, organische Masse luftig verrottet, stinkt es nicht. Es ist ein kräftiger, guter erdiger Geruch. So verrotten die Abfälle im richtig gepackten Kompostsilo. Die Metallwände verhindern, daß sich Ratten und Mäuse einnisten. Da man einen Deckel bekommt oder mit Folie selber für eine Abdeckung sorgt, ist keine Fliegenplage zu befürchten. Das ist Bedingung für die Betriebserlaubnis; denn nach dem Bürgerlichen Gesetzbuch (§ 906 Einwirkung vom Nachbargrundstück) braucht der Nachbar unzumutbare Belästigung nicht zu dulden, wenn sie ihn in der Benutzung seines Grundstückes beeinträchtigt. Dazu gehören Gase, Dämpfe, Gerüche, Rauch, Ruß, Wärme, Geräusch, Erschütterungen „und ähnliche von einem anderen Grundstück ausgehende Einwirkungen".

Das System Mücke

Trotz der Vorteile dieser Abfallbeseitigung und Humuserzeugung wollten die Kommunen bis in die frühen siebziger Jahre hinein nichts vom Kompost im Garten wissen. Auch die gartenbaulichen Fachberater lehnten das Kompostieren ab, weil zu aufwendig und unsachgemäße Arbeit die Verbreitung von Krankheiten und Schädlingen begünstige. Wer an Gartenbauschulen wagte, dafür einzutreten, wurde von der vorgesetzten Behörde zur Ordnung gerufen. Es war keine gute Zeit für naturgemäßen Anbau.

Nur wenige, wie Prof. A. Seifert und Könemann, setzten ihre bereits Ende der zwanziger Jahre begonnenen Arbeiten mit Kompostierungsverfahren fort. Diplomgärtner Karl-Heinz Mücke begann 1960 mit Kompostsilos, für die er zwei Deutsche Bundespatente erhielt. Ein Beweis, daß sein System gegenüber anderen einen schutzwürdigen Vorsprung aufweist. Anders erhält man kein Patent.

Mücke bleibt auf dem Boden seiner gärtnerischen Erfahrungen. Aus Liebe zur Natur hatte er den Gärtnerberuf gewählt, als Gartenbaulehrer wurde er nach dem Diplom-Examen 1946 an die Lehr- und Forschungsanstalt für Gartenbau, spätere Fachhochschule für Gartenbau in Weihenstephan berufen. Hier arbeitete Mücke zunächst am Institut für Gärtnerische Betriebslehre, ab 1954 in der Bibliothek, wo er ausländische Fachliteratur für den „Informationsdienst Weihenstephan" auswertete. Sein Traum, als Gärtner in der freien Natur zu arbeiten, ging nicht in Erfüllung. In Weihenstephan konnte Mücke jedoch die wissenschaftlichen Forschungsergebnisse auf allen Gebieten des Erwerbsgartenbaus verfolgen.

Ein Ergebnis war das 1970 erschienene Werk „Der Intensivgarten". Es beschreibt den Versuch, auf kleinster Fläche mit geringstem Aufwand den höchsten Ertrag zu erwirtschaften. Das Konzept stand schon in dem zwei Jahre vorher gemeinsam mit Kurt Rieger herausgebrachten Leitfaden „Der Garten drinnen und draußen". Insgesamt erreichten seine Gartenbücher für den Hobbygärtner eine Auflage von 220 000 Exemplaren. Das ist ein gutes Ergebnis, das ohne die jahrelange wissenschaftliche Tätigkeit in Weihenstephan wie im eigenen Garten sicher nicht erreichbar gewesen wäre. Das blieben nicht Mückes einzige Veröffentlichungen, neben Fachbüchern wie „Das gärtnerische Betriebskapital" und „Der holländische Gemüse- und Obstbau und seine Marktverhältnisse" stehen mehrere hundert Artikel in der Fachpresse und Hunderte von Vorträgen vor Volkshochschulen, Garten- und Gesundheitsvereinen.

Im Angebot von Herbert Brandt findet sich das Gartenbuch „Der Intensivgarten" von Mücke für 9,80 DM. „Der Garten drinnen und draußen" von Mücke/Rieger für 29,80 DM und diese Kompostfibel für 4,– DM, damit jeder Interessent in jeder Preislage alle nötigen Informationen über die Kompostbereitung und -anwendung im Garten erhält.

Von Anfang an bemühte Mücke die wirtschaftseigene Humuserzeugung, um die Bodenfruchtbarkeit zu steigern. Um dieselben Mengen Torf einkaufen zu können, hätte er in seinem Amt mehr verdienen müssen. Torf, das war das Zauberwort für den Gartenbesitzer nach dem Wirtschaftswunder. Torfe, Torfmischdünger wie Flora- und Rhodohum, Humosoil, Manural für den Rasen und Super-Manural, die Torfkultursubstrate (TKS 1 und 2) haben alle Vorzüge, die man sich wünschen kann. Sie sind heute Nr. 1 in der Jungpflanzenanzucht und Gefäßkultur, weil krankheits- und unkrautfrei, vergießfest und narrensicher in Laienhänden.

In späteren Jahren eines gesteigerten Umweltbewußtseins erkannte man den Wert organischer, humusbildender Düngemittel für den Garten erst richtig. Die Horndünger erreichten ungeahnte Absatzzahlen, wie in dem Lehrmeister-Buch Nr. 633 „Richtig düngen" nachzulesen ist.

Nach seinem Hausbau ist der Kriegsteilnehmer aus Oberschlesien im goldenen Westen nicht so flüssig, Jahr für Jahr genug Handelsdünger für die Humusversorgung seines Gartens heranzuschaffen. Das war ein Glück. Denn nun mußte er nach kostenlosen Humusquellen suchen, die reichlich genug vorhanden sind. Wenn die bekannten Torflagerstätten weiter so zügig abgestochen werden, dauert es nicht mehr lange, bis dieser wertvolle Rohstoff ausgeht. Ein Grund mehr führ die Komposterei.

Mit der Komposttonne fing es an

Die einfachste Form für einen Kompostbehälter schien zunächst die runde Tonne zu sein; erst später stellte sich heraus, welche Umstände der Handel damit hatte. Die erste Tonne wurde eigenhändig grob durchlöchert und mit einem Trichter für die Sickersäfte versehen. Diese wurden in einem Eimer gesammelt, der im Boden unter der Tonne eingegraben war. Wird sie gestürzt und ausgeleert, gießt man die Säfte wieder über den frischen Kompost. Ein 10-l-Plastikeimer genügte dafür.

Der Trichter für die Tonne wird nicht mehr hergestellt, seit 1977 die Tonne auch nicht mehr, statt dessen eine viereckige Komposttonne, höher und schmaler als der „wachsende Kompostsilo". Man kann die Sickersäfte unter dem Silo auffangen, indem man eine Schüssel darunter versenkt oder den Boden seitlich abschrägt und mit Folie abdeckt. Unter dem Rost kann man Torf auf einer Folie ausbreiten, der die Sickersäfte festhält.

Nach wenigen Wochen staunte der Erfinder, wie rasch und geruchlos die Abfälle verrottet waren. Trotz samentragender und Wurzelunkräuter war der Kompost ohne Heißgärung unkrautfrei. Die Samen keimen aus und werden beim Ausleeren vernichtet. Daß die überflüssige Feuchtigkeit wegsickert, verhindert Staunässe, die auf den Kompostplätzen früher oft Faulgärung und damit Gestank verursachte. Dennoch blieben die verrottenden Abfälle bis zum Rand feucht genug und ausreichend durchlüftet; denn Luft kommt auch von unten heran.

Luftige Rotte läßt den Kompost ohne Kalk im besten pH-Bereich für Gartenpflanzen zwischen 6,5 und 7,0 bleiben, es wird also nicht gekalkt. Bei anderen Verfahren müssen Faulsäuren mit Kalk gebunden werden. Mengen bis 1 kg auf 1 m^3 sind dafür normal. Setzt man zuviel Kalk zu, wird der Kompost zu alkalisch. Die meisten Gartenpflanzen gedeihen darin weniger gut, weil sie Spurenelemente nicht mehr aufnehmen können. In der Komposttonne braucht man keinen Kalkstickstoff.

Diese Ergebnisse veranlaßten Mücke, die Tonne weiter zu verbessern, ein Deckel gehört zur Standard-Ausrüstung, die seitliche Öffnung zum aufrechten Entnehmen des fertigen Komposts sowie eine grüne Kunststoffbeschichtung des feuerverzinkten Blechs zu den Extras. Sie wurde patentreif. Soweit sich das heute beurteilen läßt, ist ihre Betriebsdauer mit zwanzig Jahren anzunehmen. Die Anschaffungskosten betragen, über die Lebensdauer verteilt, noch keine Mark im Monat. Aber sie kommen im ersten Jahr wieder rein, wenn man den gewonnenen Humusdünger zum Marktpreis einsetzt. Es gibt Komposter, die jährlich mehrmals ihre Kosten verdienen.

Wie das? So klein das Tönnchen aussieht, es schafft immerhin 2 bis 3 m^3 Abfälle im Jahr, wenn es richtig ausgenutzt wird. Kurze Umtriebszeiten sind das Geheimnis: Gut angerottet und den Kompost wieder raus. Dennoch blieb die äußerlich klein wirkende Tonne ein Hindernis für größeren Absatz. Deshalb ließ Mücke versuchsweise einen kubikmetergroßen Silo bauen. Von Gewicht, Handlichkeit, Preis ein Koloß, auf den der Handel mit Recht ablehnend reagierte.

Vollendet im Kompost-Würfel

So ging es nicht. Es mußte die Quadratur des Kreises gefunden werden, das gebogene Blech flach gelegt, zerlegbar, leicht aufzustellen. Der neue, würfelförmige Kompostsilo paßt so verpackt auf 80 mal 80 mal 15 cm in den Mittelklasse-Kofferraum und hält Lagerraum und Versandkosten in Grenzen. Die teuerste Ausführung kostet deshalb 152,– DM mit Kunststoff, 125,– DM verzinkt. Hält man dagegen, daß ein einziger Müllsack über die normale Abfuhr hinaus bereits 1,50 DM kostet, ein Plastiksack mit Humusdünger das Vielfache, weist diese Gewinn-Verlust-Rechnung unter dem Strich ein hohes Guthaben-Saldo aus.

Eine Verbindung von beiden stellt sich als günstigste Lösung heraus. Die Tonne wird in Türnähe aufgestellt und nimmt alle verrottbaren Abfälle aus Küche und Garten auf. Ist die Komposttonne voll, bedeutet das nicht, daß sie schon voll verrottet wäre. Also wird sie zur weiteren Rotte in einen Kompostsilo ausgeleert. Diesen stellt man in eine entfernte Gartenecke, wo er nicht so auffällt. Obwohl ziemlich klein, nimmt dieser Silo mit Hochziehen der Seitenwände bis auf 1,50 m Höhe mehr als 1 m^3 Abfälle auf. Steht der Komposter einigermaßen sonnig, im Gegensatz zum Kompostmietenplatz, verläuft der Rotteprozeß derart beschleunigt, daß ein Silo jeden Monat 3 m^3 Abfälle aufnimmt. Das produziert der Haushalt in Spitzenzeiten während der Ernte- und Vorratssaison nicht.

Für den Kompostsilo werden Innendeckel geliefert, keine Aufsitzdeckel wie früher bei der runden Tonne, weil unter

Abb. 1 Die Hausabfälle werden, nach Art getrennt, in eine oder zwei Komposttonnen nahe der Küchentür zum Garten gesammelt.

Abb. 2 Im wachsenden Kompostsilo mit hochziehbaren Mantelwänden bis 1,50 m Höhe werden 1 Kubikmeter Haus- und Gartenabfälle aufgenommen.

dem aufliegenden Deckel die kompostierende Masse wärmer bleibt. Es muß außerdem verhindert werden, daß in Regenzeiten alles durchnäßt. Natürlich kann man den Komposter mit einer durchsichtigen Folie zudecken. Aber wie sieht das aus? Sie müßte, wie es in der Gebrauchsanweisung heißt, „durch geeignete Maßnahmen am Fortfliegen gehindert werden", mit einem Wort: beschwert. Also legt man Steine, Bretter oder etwas anderes drauf. Bei jedem Einfüllen räumt man erst alles runter, füllt ein und räumt dann wieder rauf. Nein, man muß mit einer Hand den Deckel heben und mit der anderen einschütten, sonst wird das auf die Dauer nichts.

Der lose aufliegende Blechdeckel wurde von starkem Wind heruntergerissen. Beim Innendeckel ist das unmöglich. Angeboten werden zwei Ausführungen, verzinkt für 16,– DM im Silo und 11,– DM in der Tonne, verzinkt mit zusätzlicher

Abb. 3 Von außen bietet der Komposter stets ein sauberes Bild, so daß er im Garten offen stehen kann.

grüner Plastikbeschichtung für jeweils 5,– DM Aufpreis. Die genuteten Mantelwände sind ebenfalls verzinkt, eine extra Plastikbeschichtung kostet runde 27,– DM. Die hochziehbaren Seitenwände laufen in Führungsschienen, das sind seitlich abgewinkelte Blechkanten. Sie machen das Aufstellen kinderleicht.

Die Maße der eckigen Komposttonne sind 55 mal 55 mal 90 cm, also etwa 260 l Inhalt, der wachsende Kompostsilo dagegen ist flacher und breiter mit 80 mal 80 mal 60 cm, entsprechend 385 l Volumen. Bei Sammelbestellungen von Vereinen gibt es für vier Stück 5 % Rabatt, bis neun Stück 7,5 % und ab zehn Stück 10 %.

Ohne Bauanleitung genügt ein Blick auf die Blechfalze, um die Wände beim ersten Versuch richtig einzuschieben. Wichtig ist ein halbwegs ebener Untergrund, damit die locker gleitenden Schienen des Kompostwürfels im Lot bleiben. In unebenem Gelände stehen die Wände verschieden hoch, jeweils gehalten vom höchsten Punkt. In sich bleibt das ganze leidlich

Abb. 4 Bei sachgemäßer Schichtung setzt eine Schnellrotte ein, die in einem Monat 2 bis 3 Kubikmeter Abfälle in Rohkompost umsetzt.

Abb. 5 Der Rottevorgang wird erheblich beschleunigt, wenn man einmal umsetzt und dabei mit der Hacke von oben nach unten flache Scheiben herunterzieht.

lotrecht. Leichte Windschiefe hindert nicht daran, die Mantelwände locker ineinander zu stecken.

Die Kompost-Entnahme ist einfach: Wände abziehen, da steht der Würfel. Unmittelbar daneben werden, ohne Rost, die Wände ineinandergeschoben, die oberste, noch nicht verrottete Lage als unterste der neuen Füllung eingelegt. Mit einer Schlaghacke zieht man von oben nach unten dünne Scheiben vom Kompost herunter. Auf diese Weise wird der fertige mit halbfertigem Kompost gemischt. Das funktioniert immer, auch wenn nicht alles durch und durch verrottet ist. Einmaliges Umsetzen reicht. Der Kompost ist ab Einfüllbeginn im Sommer nach drei Monaten, bei Herbstfüllung im März oder April verwendungsfähig.

Das Umsetzen ist nach diesem Verfahren leicht. Wer es dennoch vorzieht, nicht umzusetzen, stellt zwei Silos nebeneinander. Ist der erste voll, füllt man den zweiten. Das kann mehrmals wechseln, weil sich die zusammenrottende Masse setzt und die Wände langsam in die Höhe wachsen. Hat der Silo 1 die Höhe von 1,20 bis 1,50 m erreicht, legt man auf die Oberfläche eine dünne Schicht Erde oder Kompost. Ist Silo 2 gefüllt, leert man Nr. 1 aus. Sind oben ein paar Abfälle ungenügend kompostiert, legt man sie zunächst zur Seite.

Den fertigen Kompost bringt man ungesiebt auf freie Beetflächen zwischen hohes Gemüse, Stauden, Rosen und andere Ziergehölze. Dort verteilt man ihn gleichmäßig und geht höchstens mit der Ziehhacke oberflächlich darüber. Keinesfalls wird der Kompost vergraben. Zum Schluß harkt man die Fläche ab und zieht die gröbsten Teile heraus. Was in den Rechenzinken hängenbleibt, kommt zusammen mit den zur Seite gelegten obersten Lagen wieder in den Komposter zurück. Der Zeitunterschied zum umgesetzten Kompost beträgt während des Sommers drei Monate, es dauert also nicht umgesetzt runde sechs Monate. Einige Abfallarten sind dann etwas weniger weit verrottet als mit dem Zerkleinern zwischendurch.

Abb. 6 Neben dem bisherigen Standort wird die Mantelwand wieder aufgestellt und der lockere, angerottete Abfall eingefüllt.

Abb. 7 Frischkompost ist im Garten vielseitiger verwendbar und wertvoller als der langsam vererdende alte Kompost.

Derartiger Kompost sollte keinesfalls gesiebt werden. Zwischen staudigen Gewächsen und kleineren Ziergehölzen, beispielsweise auf dem Rosenbeet, braucht das Grobe nicht abgeharkt zu werden; das Einarbeiten mit der Ziehhacke erübrigt sich. Das Sieben des schnell gereiften Komposts ist nicht nur eine körperlich schwere Arbeit, es kann sich auf den Beeten nachteilig auswirken. Gesiebter Kompost läßt den Boden nach einem starken Regenschauer rascher verschlämmen. Ungesiebten Kompost zerschlägt der härteste Regenguß nicht, er hält den Boden monatelang krümelig und braucht nicht immer wieder gehackt zu werden. Dauerndes Hacken ist eine Notlösung, es verletzt Wurzeln und Blätter, mindert deshalb Wuchs und Ertrag.

Kompostsilos im Vergleich

Bis zu diesem Punkt trifft das Gesagte für alle Kompostsilos zu, die sich weniger in Bau- und Arbeitsweise unterscheiden als im Material, aus dem sie gebaut sind. Das fängt an bei einfachsten Maschendrahtringen, Kunststoffsäulen, Holz-, Eternit-, Beton-, Metall-Kästen, zusammengesetzt, auf- und abbaubar, seltener fest gemauert, bis hin zu den beweglichen Modellen, die Anfang der siebziger Jahre das Feld beherrschten. Um einen Kompostkuchen beisammen zu halten, braucht man anscheinend nur ein paar Bretter, lose in Steckfugen der Eckpfosten gehängt, ein rundgebogenes Welldrahtgitter, Well- oder Glattplastik, stapelbare Ringe. Oder?

Es kommt vielmehr auf Material und Konstruktion an. Pfiffige Werbetexter reden den Leuten ein, ihre Kompostbottiche seien absolut rostfrei. Kunststück, wenn sie aus Holz sind. Aber wie das Holz nach einem Jahr feuchtwarmer Verrottung aussieht, das sagen sie nicht; denn imprägnieren kann man es nur pflanzenfreundlich, das heißt, einfache und wirksame Tiefenmittel fallen aus. Zu allem Überfluß speichere das Holz die Rottewärme; man wüßte nur gern, mit wieviel Grad Unterschied zu anderen Silowänden und wieviel länger.

Das Blech der Mücke-Komposter fault und rostet bisher ebenfalls nicht. Nach Jahren im Einsatz keine Stelle. In der Erprobung erwies es sich als so rostfest, wie man sich sein Auto wünschte. Außerdem behielt der ständig benutzte wachsende Kompostsilo sein freundliches Aussehen unverändert, verzog sich nicht bei Hitze noch Feuchtigkeit. Er quillt nicht in den Fugen, reißt nicht im sibirischen Frost. An den glatten Wänden setzt sich kein Belag ab oder läßt sich leicht abwischen. Holzgefäße müssen vor neuer Benutzung desinfiziert werden.

Ist der Kompostsilo ganzjährig in Betrieb, taucht die unvermeidliche Frage nach der Haltbarkeit auf. In den Test-Jahren war kein Verschleiß erkennbar. Da die Bleche keinen hohen Belastungen ausgesetzt sind, außer der Witterung und dem

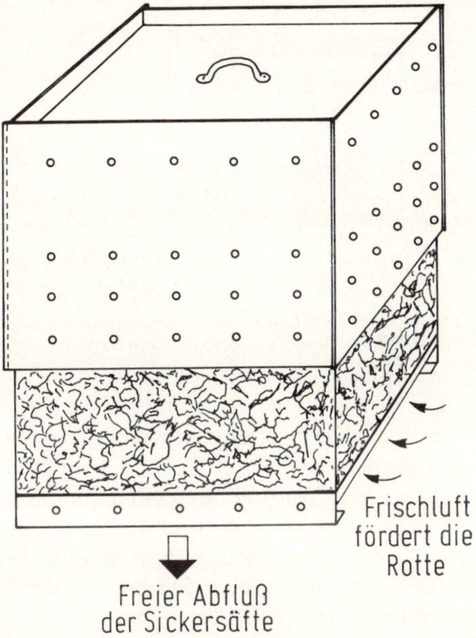

Abb. 8 Sonst kaum sichtbar: der wichtigste Bestandteil des Mücke-Komposters ist ein Sickerrost zum Abfluß der Rottesäfte, zur besseren Durchlüftung sowie als Schutz vor Schädlingen.

warmen Gären im Innern, geht es nur darum, wie lange hält die Oberflächenvergütung stand? Wenn man davon ausgeht, daß der Verschleiß in einer annähernd geraden oder doch sanft geschwungenen Kurve abwärts geht, dazu ist man nach allen Erfahrungen berechtigt, dürfte eine Lebensdauer von rund 20 Jahren erreicht werden.

Der Mücke-Silo steht auf einem Sickerrost, genauer: um einen Rost herum. Das ist wichtig für die geruchlose Rotte ohne Faulsäuren, zur Belüftung von unten sowie als Schutz vor Mäusen, Ratten und anderen schädlichen Müllbewohnern.

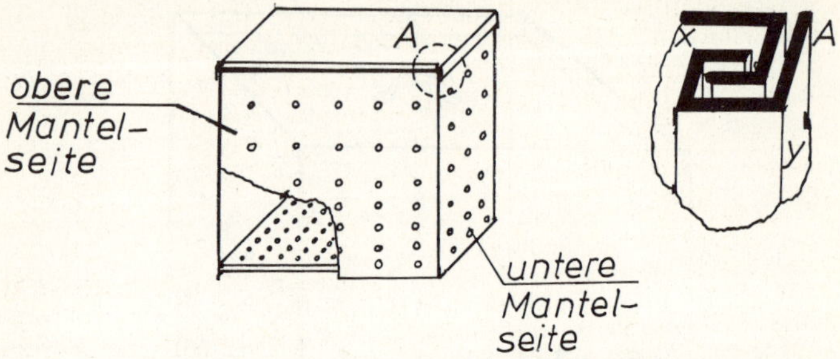

Abb. 9 Die einfache, selbst auf unebenem Untergrund beweglich bleibende Falz-Zieh-und-Steck-Konstruktion hält die Blechwände in jeder Höhenlage fest zusammen.

Daß davon auch nützliche Kompostbewohner gebremst werden, die Regenwürmer am freien Zugang vom Boden aus gehindert werden, ist kein Nachteil. In Zeiten sommerlicher Heißgärung mit Temperaturen bis 70 Grad Celsius wären sie darin nicht lebensfähig. Der Regenwurm sagt bereits bei 28 Grad Adieu zu dieser Welt. In späteren Stadien kühler Weiterrotte ist Regenwurmbrut zuzusetzen. Doch das ist ein Kapitel für sich (s. S. 51ff.).

Die Konstruktion der Blechfalze hat die Kompostentnahme vereinfacht. Die Wände hochziehen, schon steht der Kompostwürfel frei im Raum. Die von oben nach unten stärker verrottete Masse ist von allen Seiten zugänglich und wird beim Abstechen von oben herunter zu einer brauchbaren Mischung. Man vergleiche damit so unerfüllbare Versprechungen wie: „Oben Abfälle hineinwerfen, unten kommt der fertige Kompost heraus“ oder die Luken-Öffnungen für die „leichte Entnahme“.

Soll umgesetzt werden, stellen wir den Mantel des Silos neben dem freistehenden Kompostwürfel auf. Der Boden darunter wird vorher umgegraben und mit frischer organischer Substanz vermischt, damit sich die Regenwürmer aus weitem

Abb. 10 So sauber sehen die Innenwände des Silos selbst nach vieljährigem Gebrauch aus; bisher ist trotz Dauernutzung noch kein Verschleiß oder Rostansatz feststellbar.

Umkreis zusammenziehen. Das oberste, noch einigermaßen unverrottete Material wird als unterstes auf den Boden gelegt, das übrige in schmalen Schnitten mit der Schlaghacke zerschlagen. Selbst kleinfingerdickes grünes Holz und dicke Staudenklumpen sind danach fein zerteilt.

Diesen Haufen füllen wir in den stehenden Silomantel ein und drücken die Masse an den Wänden leicht an. Läßt man die Bleche eine Woche stehen, steht der Haufen von allein wie ein Kuchen aus dem Kindersandkasten, durchaus kein häßlicher Anblick. So umgesetzt, sieht der Kompost bereits nach sechs bis acht Wochen erdschwarz aus. Dazu wird er mit dunkler Folie abgedeckt, ein Blumenkasten obendrauf gestellt, daß nichts wegfliegt. So kann der Haufen im Ziergarten stehen.

Acht Tage nach dem Umsetzen kommt der Komposter-Mantel an den alten Platz zurück. Die Kompostierung läuft ununterbrochen weiter. Wir haben also während dieser Übergangszeit mit einem Komposter den Stauraum von zweien.

Bei der sommerlichen Heißgärung faßt der Mückesche Silo von 80 mal 80 mal 60 cm Innenmaßen, wenn wir ihn wachsen lassen und monatlich umsetzen, bis zu 2000 Liter Abfälle pro Monat. Das sind rund dreimal mehr, als man rechnerisch erwarten durfte. Der Unterschied erklärt sich daraus, daß sich die Abfälle laufend verkrümeln und als halbgarer Kompost weniger Raum einnehmen als in Abfalldichte. Je nach ihrer Zusammensetzung sind die Abfälle nach drei Monaten Sommer, ohne umzusetzen, durchgerottet und als halbfertiger Rohkompost verwertbar. Das ist in der Garten-Praxis oft brauchbarer als zu sehr vermorschte Komposterde. Die Rottezeiten mancher Abfallarten liegen mit Umsetzen bei günstiger Witterung im Sommer bis zu zwei Monaten.

Daß diese Zeiten überschritten werden, liegt unter anderem daran, wenn der Kompostsilo keinen Deckel hat. Der Kompost muß oben bedeckt sein, um die Wärme zu speichern und in naßkalten Regenzeiten das völlige Durchweichen und in Trokkenzeiten das Austrocknen zu verhindern.

Abb. 11 Der Kompost bleibt ohne Wände frei stehen, bis zum Verbrauch. Ein Blumenkasten schmückt ihn wie früher der Kürbis den Komposthaufen.

Häufig wird eingewandt, dafür habe ich keinen Platz im Garten. Sieht man sich an Ort und Stelle um, ist der richtige Platz in Türnähe leicht gefunden. Man überschätzt den Platzbedarf. Wichtig ist bei der Aufstellung, daß der Silo speziell zum Einfüllen der Küchenabfälle, bei jedem Wetter trockenen Fußes auf kurzem Wege zu erreichen sein soll. Sonst geht zuviel verrottbarer Abfall verloren.

Bleibt die Preisfrage, die manchen Interessenten abschreckt. Doch sollte man nicht nur den einmaligen Anschaffungspreis sehen, sondern die Lebensdauer.

Nehmen wir die teuerste Ausführung mit Deckel, sind das verpackungsfrei ab Werk München an Stückgutstation (bahnlagernde Sendungen sind seit 1976 nicht mehr möglich) 173,– DM. Bei 20 Jahren Lebensdauer sind das 8,65 DM, verteilt auf zwölf Monate –,72 DM. Die kleinere Tonne verzinkt und ohne Deckel kommt auf 125,–, also 6,25 DM im Jahr, gut –,50 DM im Monat. Zählt man dazu den Wert des gewonnenen Humusdüngers in vergleichbaren Preisen, der 25-kg-Polysack hornoska Humusdünger kostet 18,– DM, ist die Anschaffung im dritten Jahr spätestens amortisiert.

Die gegenwärtigen Preise werden schon zwei Jahre gehalten, was nach hiesigen Begriffen offenbar über die Maßen lange und zwingender Grund ist, sie „demnächst aufzustocken". Tatsächlich sind diese Bezugsbedingungen augenblicklich konkurrenzlos, und die Herstellungskosten steigen mit den Material- und Energiepreisen.

Ein anderes Kalkulationsbeispiel: Ein Lebensmittelgeschäft hatte sich im Frühjahr 1977 eine viereckige 260-Liter-Komposttonne gekauft und täglich etwa 10 Liter Gemüse-, Obst- und Küchenabfälle und gelegentlich zum Aufsaugen der überschüssigen Sickersäfte Torfmull eingefüllt. Nach 100 Eimern, das heißt nach Einschütten von 1000 Litern Abfällen innerhalb von vier Monaten, war die Tonne nur zu zwei Dritteln voll. Dieser Lebensmittelladen, der die hygienisch einwandfreie, geruchlose, fliegen-, mäuse-, rattenfreie Kompostierung besonders braucht, ersparte sich den Kauf eines zweiten Müll-Containers und die Müllabfuhrkosten. Die Anschaffung machte sich bereits nach einem halben Jahr bezahlt. Der Kompost ist von so vorzüglicher Qualität, daß er selbst für Topfpflanzen verwertbar ist.

Wer viel Kompost gewinnen und nicht nur Müllabfuhrkosten sparen will, sollte diesen wertvollen Abfällen lehmige Erde und Gartenabfälle zusetzen.

Das praktische Kompostieren

Was ist dafür geeignet?

Zunächst muß geklärt werden: Welche Stoffe sind dafür zu gebrauchen? Am besten beantwortet man diese Frage, indem man feststellt, was nicht in den Komposter gehört. Was nicht verrottet, anorganische Stoffe wie Glas, Metall, Plastik, Knochen, ist sowieso klar.

Unbeschränkt geeignet sind alle Haus- und Gartenabfälle, Pappe und Papier, zerkleinerte Knochen, alle Erden, Aushub oder Teichschlamm, Kleintiermist und andere tierische Dünger, landwirtschaftliche Abfälle, Jauche, Stroh, Kartoffelkraut. Umstritten sind dagegen Lumpen und sonstige Textilien. Mücke sagt dazu nein, weil sie zu langsam verrotten, aber es muß erwähnt werden, daß andere Kompost-Experten dafür sind. Klärschlamm geht nur, wenn er schwermetallfrei ist. Es gibt Zahlen, nach denen 90 % aller Schlämme ungeeignet sind. Über Fäkalien sind die Fachleute geteilter Meinung. Mücke war entschieden dagegen, und zwar aus hygienischen Gründen. Ein Kontakt mit überlebenden Wurmformen ist bei aller Sorgfalt nicht völlig auszuschließen. Draußen bleiben müssen alle kranken Pflanzenteile wie die Wurzelstrünke vom Kohl, die von Kohlhernie befallen sind, welkekranke Gurken und Tomaten.

Das bedeutet nicht, krankes Laub dürfte nicht kompostiert werden. Vielmehr ist zu unterscheiden zwischen Pflanzenkrankheiten, die sich vom Boden aus ausbreiten, im Boden vermehren oder dort wirken, und anderen, die im Kompostbehälter auskuriert werden. Für diese Fälle ist das Kompostieren ein Mittel des vorbeugenden Pflanzenschutzes! Dasselbe gilt für Pflanzenschädlinge wie Möhren-, Rettich-, Kohl- oder Zwiebelfliegen. Was sich im Kompost vermehrt, bleibt weg.

In diesem Punkt ist eine übertriebene Vorsicht durchaus angebracht. In ausgesprochenen Befallslagen werden deshalb bestimmte Pflanzenarten grundsätzlich nicht kompostiert. Übertrieben wäre die Besorgnis, der Bleigehalt in Pflanzen entlang stark befahrener Autostraßen könnte sich nachteilig auf den Kompost auswirken. Blei wird im Boden festgelegt und von den Pflanzen nicht aufgenommen.

Nicht aufgebrauchte Winterkartoffeln müssen bei der neuen Ernte aus dem Keller, da sie kaum noch für menschlichen Genuß geeignet sind. Im Kompost würden sie eine zahlreiche Brut neuer Kartoffeln ausbilden. So geht es nicht. Wer sie kompostieren möchte, muß sie vorher zerschneiden oder anderweitig zerkleinern. Die Rotte ist danach kein Problem mehr. Dasselbe gilt für die Rüben nach der Chicoréetreiberei wie für abgeblühte Blumenzwiebeln, wenn diese nicht angefault sind.

Samen von Unkräutern und Wurzelunkräuter sind im Kompost ein bedingtes Risiko. Erhitzt sich die Masse nicht so, daß sie abgetötet werden, verseuchen Quecken und andere den Kompost. Ein Zusatz von Kalkstickstoff reinigt die Grünmasse von keimfähigen Bestandteilen. Wichtig ist dafür ein zweckmäßiger Wechsel der aufeinanderfolgenden Schichten.

Auf die richtige Mischung kommt es an, es gehört nicht zuviel von einem Stoff auf den Kompost. Auch Rasenschnitt allein nicht. Für sich verrottet er nicht; erinnern wir uns an die Landwirtschaft. Das geschnittene Gras in Silos ergibt eine hervorragende Silage für das Vieh, aber keinen Kompost. Das gilt für alle anderen Bestandteile, aus denen Kompost entsteht.

Eine Ausnahme bildet das abgefallene **Herbstlaub.** Es gibt einen wertvollen Kompost, wenn man Schichten von jeweils 20 cm Höhe aufstapelt, gut anfeuchtet und auf jeden Quadratmeter 150 g Kalkstickstoff streut. Darauf eine Lage Floratorf, und es gibt innerhalb weniger Wochen stallmistähnliche Humusformen. Wer daraus Komposterde gewinnen will, setzt im Frühjahr einmal um und wartet ein bis zwei Monate länger.

Rasen, Wege und Terrassen werden im Herbst laubfrei gehalten, nicht, weil es unschön aussähe (sieht es gar nicht, wenn man leicht schwermütigen Reiz erkennt). Anhaltende Regenfälle klatschen das nasse Laub dicht wie Dachpappe auf den Rasen und ersticken ihn, auf Trittplatten wird es glitschig.

Unter Obstgehölzen sollte man Fallaub ebenfalls wegrechen, weil darin, etwa unter Äpfeln, Schorf und Mehltau überwintern und die jungen Austriebe infizieren. Ist das Laub durch den Komposter gegangen, verrottet und vererdet, sind diese Krankheitskeime abgestorben. Aus diesem Grund wird Rosenlaub und -schnittholz kompostiert, wo es nicht verbrannt werden darf.

Einen Teil des zusammengeharkten Laubes bringen wir in den Kompostsilo, jedenfalls alles, was auf den Stauden- und Gehölzrabatten zuviel wäre. Dort läßt man eine dicke Schicht als natürlichen Winterschutz liegen. Regenwürmer und andere Bodenorganismen machen sich darüber her. Im Frühjahr kann man die trockenen Blätter immer noch in den ausgeleerten Silo bringen. Dort mischt man sie mit anderen Abfällen; denn sie sind stickstoffarm. Sollen sie schnell vererden, werden stickstoffhaltige Dünger zugegeben.

In der Reihenfolge und Menge der verrottbaren Haus- und Gartenabfälle kann man sich nicht aussuchen, was für die Kompostierung paßt. Wenn von einem Stoff zuviel anfällt, muß lagenweise anderes Material dazwischengepackt werden. Oder wie im Beispiel des massenweise anfallenden Herbstlaubes: Einen Teil läßt man als Winterschutz zwischen Gehölzen und Stauden liegen.

Sperrige Abfälle läßt man nie oben drauf liegen. Da verrotten sie nicht, sondern vertrocknen. Schwer zersetzbare Abfälle haben sich erstaunlicherweise selbst auf dem stinknormalen Komposthaufen spätestens in einem viertel Jahr verkrümelt, wenn man sie mit Rasenschnitt, Erde, Küchen- und Gartenabfällen so abdeckt, daß ihnen weitgehend die Luft ausgeht und nach ein bis zwei Monaten einmal mit der Schlaghacke umgesetzt wird. Es kommt darauf an, das rechte Mittel zwischen Dichte und Feuchtigkeit zu erreichen, damit die Masse nicht austrocknet oder vernäßt.

Dasselbe gilt für dicht lagernde Abfälle wie Heckenschnitt von Nadelgehölzen und Rasenschnitt. Sie werden in dünnen Schichten eingelegt, Rasenschnitt 5 bis 10 cm hoch, Koniferengrün höchstens bis 3 cm. Dazwischen bringt man sperrige Abfälle unter, diese ebenfalls nicht in dicken Schichten. Was kürzer als 80 cm ist, braucht nicht zerkleinert zu werden, falls das Holz dünner als ein kleiner Finger ist. Man legt es von vorn nach hinten, Triebspitzen nach vorn. Krautige Pflanzenteile dürfen beliebig dick sein. Beim Umsetzen oder Ausleeren werden sie mit der Schlaghacke zerkleinert, falls noch Reste zusammenhängen. Sind die Abfälle mehr sperrig als dick, wie Erdbeerpflanzen, Tomaten- und Gurkenkraut, Heckenschnitt von Laubgehölzen und Grünschnitt von Obst- wie Ziergehölzen, versucht man, sie mit Erde oder anderweitig zusammenzudrücken, aber keinesfalls mit den Füßen einstampfen!

Über gerodete Erdbeerpflanzen wird gesagt, sie dürften nicht kompostiert werden, weil sie Kompost und Garten verseuchten. Mücke bepflanzte ein Drittel seines Nutzgartens seit 1960 mit Ein- und Zweijahreserdbeeren (zwangsläufig jedes zweite Jahr Erdbeeren auf dasselbe Beet!) und erntete ohne chemische Mittel zwei bis drei Kilo von jedem Quadratmeter. Alle alten Pflanzen wurden regelmäßig kompostiert, ohne daß sich nachteilige Folgen eingestellt hätten. Man kann die ganze Tonne damit füllen, wenn sie von anderen Abfällen so zusammengedrückt werden, daß sie umgesetzt werden müssen.

Winterschnittholz von Obst- und Ziergehölzen verrottet innerhalb von drei Sommermonaten zu gutem Kompost, wenn man es maschinell zerkleinert, mit anderen Abfällen aus Haus und Garten vermischt im Wechsel schichtweise in den Silo einlegt. Da Winterholz so gut wie stickstofffrei ist, sind zusätzliche Gaben, am besten in Form von Kalkstickstoff, zu empfehlen. Holz- und Sägemehl, Hobelspäne und zerkleinerte Rinde lassen sich für sich kompostieren, wenn man einen Kompoststarter wie Eocomit zusetzt.

Für verholzte Pflanzenteile wie Heckenschnitt und Schnittholz, hartes Stroh und dickes Unkraut, sperrige Wurzelballen, Rasensoden, Papier, Karton, Obstkisten und alle anderen harten Abfälle aus Küche, Haus und Garten gibt es Zerkleinerungsmaschinen, die Häcksel daraus herstellen, für den Kompostsilo das ideale Einfüllgut. Allerdings hatten die bisherigen Modelle ihre Macken, sie lärmten zu laut und verstopften zu leicht. Eine Aufbereitungsmaschine wurde gebraucht.

Das hat sich geändert, seit der Samix-Allesfresser DBGM auf dem Markt ist, hergestellt von der Samix-Waritsch GmbH, vertrieben vom Kompost-Service, Aichelbergstraße 16, 7302 Ostfildern-Kemnat bei Stuttgart (s. Foto S. 76). Es gibt drei Versionen, zwei davon fahrbar wie eine Schubkarre; wer will, kann also dort zerkleinern, wo der Abfall anfällt. Der Typ S-ES dagegen bleibt stationär am Kompostplatz und schnurrt mit einem robusten, langlebigen, durchzugstarken 380-Volt-Elektromotor von 3 kW (4 PS) Leistung. Den Anschluß für den 5-poligen EURO-Stecker mit Motorschutzschalter gegen Überlastung kann man leicht nach draußen verlegen lassen; denn Drehstrom mit 3 Phasen liegt normalerweise im Hause. Einer der beiden fahrbaren Typen (S-BF) läuft mit einem 4-Takt-Benzin-Motor von Briggs & Stratton, dem größten Hersteller der Welt, der die meisten Rasenmäher antreibt; die Leistung beträgt 3,5 kW bei einer Drehzahl von 3600 in der Minute, während die Elektrogeräte nur 2800 laufen.

Seit das Holz aus dem Wald arbeitssparend mit Rinde angeliefert wird, ist daran gearbeitet worden, wie man diese kostensparend beseitigen könne, da sie zum Verbrennen vorher getrocknet, zerkleinert und gereinigt werden mußte. Der Ingenieur Egbert Ufheil hat jetzt ein Deutsches Bundespatent dafür bekommen, daß er **Baumrinde** in einem Schnellverfahren kompostiert. Das Verfahren, nach dem auch andere Holzreste, dikkere Zweige und Äste, ebenso wie Nadeln von Koniferen und Laubblätter verarbeitet werden können, liefert einen Humus von hoher Wasserhaltekraft und in jedem Zustand hoher Benetzbarkeit für gartenbauliche Zwecke.

Auseinander gehen die Meinungen über den Wert von **Asche.** Holzasche fällt unterschiedlich aus, nach Art des Baumes, Alter und Standort. Die Bestandteile lassen sich nur durchschnittlich angeben mit 35 % Kalk, 6 % Kalium und 2,5 % Phosphaten, ein beachtlicher Nährstoffgehalt, mehr als in manchen organisch-mineralischen Düngemitteln. Stein- und Braunkohlenasche reagiert stark alkalisch, enthält dafür aber schwer einschätzbare Mengen wichtiger Spurenelemente wie Mangan, Zink, Kupfer, Eisen. Braunkohlenasche neigt wegen des hohen Gipsanteils zum Verschmieren, kann also nur dünn über eine Lage Kompost gestreut werden. Auf dem Kompost fördert dann und wann ein Eimer Asche den Verrottungsprozeß und neutralisiert entstehende Säuren. Der kohlenstoffreiche Ruß (bis zu 70 % organisch) ist nützlich im Kompost. Er färbt die Masse dunkler, so daß sie sich schneller erwärmt.

Nach der „Neuzeitlichen Kompostbereitung" (4. Auflage, Mannheim 1968) von Könemann soll Braunkohlenasche beim Kompostieren mit einer schwachen Lösung von Kaliumpermanganat (0,1 %) angefeuchtet werden und beim ersten Umsetzen noch einmal übergossen. Das wirkt sich auf die chemische Verbindung des Schwefels aus und macht ihn pflanzenverfügbarer. Das silberweiße metallische Element Mangan ist außerdem notwendig für die Bildung von Blattgrün und wirkt über Enzyme an der Bildung von Eiweiß und Vitamin C mit. Manganmangel zeigt sich daher zuerst an den Blättern, die fleckig aufhellen, so daß am Ende nur die Adern grün bleiben. Allerdings ist schon festgestellt worden (Prof. W. Tepe), daß stellenweise zuviel davon im Boden angesammelt war. Ausgesprochen borempfindliche Pflanzen wie einige Wurzelgemüse und Hülsenfrüchte sollte man nicht mit aschehaltigem Kompost eindecken.

Nach Mücke muß man mit Aschen aller Art im Kompost vorsichtig sein. Sie dürfen nur in dünnen Lagen zugegeben werden. Größere Mengen an sich wertvoller Holz- oder Papierasche können mit ihrem hohen Kaligehalt den Rotteprozeß zum Erliegen bringen. Für Schnellkompostierung sind sie ungeeignet. Solche Aschen sollte man dünn im Freiland streuen. Andere sind wegzulassen, bis ihre Unbedenklichkeit festgestellt ist.

Ein wichtiger Zusammenhang beim Kompostieren ist das Verhältnis Kohlenstoff zu Stickstoff in der Rohmasse, kürzer ausgedrückt: das **CN-Verhältnis** (C = Kohlenstoff, N = Stickstoff). Die Rottebakterien leben vom Kohlenstoff der organischen Masse, brauchen jedoch zugleich aufnehmbaren Stickstoff, um daraus ihr körpereigenes Eiweiß aufzubauen. Das beste Verhältnis dieser beiden Grundbausteine ist 1 : 30. Es bedeutet, um 30 Teile Kohlenstoff umzusetzen, ist 1 Teil Stickstoff notwendig. In der Tabelle von CN-Zahlen nach Mücke/Rieger liegen die meisten günstiger, nur Laub, Stroh, Sägemehl und Papier brauchen Zusätze mineralischen Stickstoffs für die Rotte. Das CN-Verhältnis läßt sich auch mit der entsprechenden Zusammensetzung des Silo-Inhalts verbessern. Außerdem sind CN-günstige Stoffe wie tierische Abfälle und Blut oder Harn als Zuschläge denkbar.

CN-Zahlen kompostierbarer Stoffe:

Harn	0,8	Stapelmist und Tierkot	15
Blut	3	Mist, drei Monate alt	15
Gartenabfälle	7	Küchenabfälle	23
Humus	10	Laub	50
Mistkompost	10	Weizenstroh	125
Rasenschnitt	12	Sägemehl	511

Rasenschnitt und Sägemehl sind nicht nur wegen der CN-Zahlen anders zu behandeln, sondern weil sie zu dicht liegen. Sägemehl wird kompostierbar, mit Torf vermischt, angefeuchtet, schichtweise Kalkstickstoff darüber gestreut, zweimal umgesetzt. Daraus wird binnen weniger Monate ein vollkommen durchgerotteter Kompost. Der Zusatz von Eocomit zu Sägemehl und Hobelspänen hat sich bewährt.

Rasenschnitt sowie vergleichbare Gras- und Grünmassen legt man dünn und schichtweise ein, um die Innentemperatur zu erhöhen. Die Gräser enthalten außer Feuchtigkeit 3 % Stickstoff, 2 % Kali und 1 % Phosphate. Als Zusätze gibt man Papier. um die Hitzigkeit und Nässe zu steuern, dazu über jede Schicht ein paar Schippen alten Kompost oder Erde, damit die Rotte zügiger anläuft.

Es wäre eine Sünde, den Rasenschnitt in die Mülltonne zu werfen, selbst wenn sie ihn faßte. Nicht viel besser, ihn als Bodendecke zu verwenden, was keineswegs erfreulich aussieht. Rasenschnitt ist vielmehr das ideale Mittel, um die Heißgärung unter Dampf zu setzen. Das läßt sich steuern, indem man lagenweise Kompost oder Erde zwischenstreut. Samende Unkräuter, Wurzelunkräuter, Blumen- und Gemüsepflanzenreste sollte man auf diese Weise sterilisieren, damit ein keimfreier Kompost entsteht, wobei das Wort keimfrei hier meint, daß gegen die Anwendung im Garten nichts einzuwenden ist.

Der weitsichtige Gartenbesitzer verwertet nicht nur den eigenen Rasenschnitt, der zu manchen Zeiten knapp anfällt, sondern läßt sich den aus Nachbargärten bringen. Dort ist man froh, das Zeug loszuwerden, hier hilft es zur Schnellkompostierung. Allerdings muß man sich darüber klar sein, daß dabei hauptsächlich Nährhumus entsteht, der ebenso zügig weiter vererdet. Soll zugleich Dauerhumus gebildet werden, sind tonige und lehmige Bestandteile zuzusetzen. Fehlen diese am Ort, hilft man sich mit Bentonit.

Eine Sonderbehandlung braucht **Stalldung,** der besser kompostiert und gestreckt wird, statt ihn roh auf dem Land unterzugraben. Hier hat sich die Zugabe von Thomasmehl oder einem anderen Phosphordünger als vorteilhaft erwiesen. Der stickstoff- und kalireiche, aber phosphatarme Mist wird dadurch schneller kompostiert und gehaltvoller. Mistkompost ist ergiebiger und wirkt nachhaltiger als roher abgelagerter Stallmist.

Falls Haus- und Gartenabfälle nicht ausreichen, kann man mit reichlicheren Erdzusätzen einen **Erdkompost** herstellen. Kalkstickstoff sowie gartenübliche PK-Dünger (Phosphat und Kali) von je 5 kg auf 1 m³ säubern von unerwünschten Keimen und reichern mit Nährstoffen an. Die organische Masse wird durch Torf erhöht.

Torf allein ist ebenfalls kompostierbar. **Torfschnellkompost** gewinnt man aus einem Ballen Floratorf mit 5 kg Kalkstickstoff und 7 kg NP-Dünger (Stickstoff und Phosphat). Das wird gründlich gemischt und so viel Wasser zugesetzt, wie aufgesaugt wird, zuerst 150 l, wobei wiederholt durchgeharkt wird. Am nächsten Tag wird die gleiche Menge Wasser übergebraust, dann eingeschichtet und mit Erde abgedeckt. Nach vier Wochen wird das Blech abgezogen, noch einmal angefeuchtet und durchgemischt, erneut eingefüllt und mit Erde abgedeckt. Nach weiteren vier Wochen setzt man abermals um, und aus der Masse ist ein guter Torfkompost geworden. Torfgrünkompost entsteht auf ähnliche Weise, nur daß die Schichten Grünmasse und Torf abwechseln und etwas länger gerottet wird. Rezepte ähnlicher Art für Sonder- und Spezialkomposte gibt es viele.

Diese Abteilung des großen Kompostthemas sollte nicht abgeschlossen werden, ohne auf die zahllosen abweichenden Meinungen hinzuweisen. Das geht soweit, daß man die **Kompostverfahren** der einzelnen Autoren nach ihrem Namen benennt. Es ist in Material, Behandlung, Dauer, Zusätzen, Platz, Einrichtung und Werkzeugen bis hin zu Anwendung und Mengen etwas völlig anderes, ob man einen Könemann- oder Seifert-Kompost vorzieht. Gar nicht zu zählen sind die Einzelmeinungen zu Teilthemen, etwa der Art, ob man den Kompost mit PE-, nicht aber mit PVC-Folie abdecken dürfe oder überhaupt nicht.

Das wäre nicht weiter schlimm, wenn nicht jeder von sich glaubte, im Besitz der alleinseligmachenden Weisheit zu sein, während die anderen, Ungläubige, wenn nicht Schlimmeres, daran gehindert werden müßten, ihre Irrlehre zu verbreiten. Mit Durchschnittswerten ist hier keine Übereinstimmung zu erzielen. Man kann deshalb nur bitten, davon auszugehen, daß der andere mit seiner abweichenden Ansicht unter Umständen ebenso berechtigt dazu ist wie man selber. Vor allem eins sollte man darüber nie vergessen: Alle wollen sie nichts anderes als den besten Kompost.

Sonderfall Papier und Pappe

Seit Rechtsverordnungen gegen Feuer im Garten erlassen worden sind, ist das Problem der rund fünf Millionen Tonnen Abfallpapier und -pappe verschärft. Altpapier ist heute ein wertvoller Rohstoff, den man in möglichst großen Mengen bei Sammlungen zur Wiederverwendung abliefern sollte. Nur Papier, das für die Ablieferung ungeeignet ist, gehört in einen Komposter. Besonders gut verrotten die feinen Papiere aus der Küche (Servietten, Pergamentpapier, Packpapier von Lebensmitteln) und Wellpappe. Zeitungspapier ist nur in dünnen Lagen zu kompostieren. Am schwersten verrotten die Kunstdruckpapiere von Illustrierten. Wir beginnen am besten mit feinen Papieren und Wellpappe, später kommen Zeitungen. Am Anfang setzen wir nur 10 bis 20 % Papier und Pappen den organischen Abfällen aus Küche und Garten zu. Später darf der Anteil, wenn Erfahrungen gesammelt wurden, bis auf 50 % gesteigert werden.

Papier besteht aus wertvollen Grundstoffen, ähnlich zusammengesetzt wie Stroh, das als Bestandteil des Stalldungs zu den besten Humuslieferanten gehört. Die Hauptbestandteile weichen nach Art des Papiers erheblich voneinander ab:

Gehalt in %	Pappe	Zeitungspapier	Kunstdruckpapier	Stroh
Zellulose	75	60	52	43
Lignin	20	33	8	17
Pentosane	—	—	—	28
Kunststoffe	—	—	30	—

Zellulose ist die verbreitetste organische Verbindung, denn sie stellt als Gerüstbildner die Hauptmasse aller pflanzlichen Zellwände. In reiner Form tritt sie uns als Baumwollfaser (Watte) entgegen, eine weiße, schwer lösliche Substanz. Das Lignin als Halbzellulose in den verholzten Pflanzenteilen fällt bei der Zellstoffherstellung in großen Mengen an. In den holzhaltigen Papieren ist das Papierholz nur mechanisch zerrieben enthalten, daher der Ligninanteil. Die Pentosane gehören ebenfalls zu den Hemicellulosen, es sind zuckerähnliche Verbindungen, die nach Aufspaltung Zuckerarten liefern. Bekanntlich läßt sich Holz verzuckern.

Das muß einen guten Kompost ergeben, und tatsächlich haben jahrzehntelange Versuche gezeigt, daß Pappe und Papier besserer Kompost werden als andere Grundstoffe. Dieser Kompost ist salzfrei und von idealem pH-Wert zwischen 6,7 und 7,0. Dagegen ist Müllkompost mit seinen 7,3 bis 7,8 pH für manche Kulturen zu alkalisch, kann deshalb nur bis zu einer bestimmten Höchstmenge gegeben werden.

Als arbeitssparend erwies sich, daß für den Kompostsilo nicht mehr jedes Blatt zerknüllt werden muß. Mehrere Tage in Wasser eingeweichte Papiere oder Pappe können kompakt kompostiert werden. Fällt reichlich Rasenschnitt an, werden die Papiere nicht vorgeweicht, damit sie saugfähig bleiben und die überflüssige Feuchtigkeit der Grasmenge aufnehmen.

Es sollen nur fünf bis zehn Blatt Zeitungspapier oder ein bis zwei Lagen Wellpappe zwischen 5 cm hohe Schichten anderer organischer Abfälle eingelegt werden. Nach ein, zwei Monaten ist die Papiermasse mürbe geworden, so daß sie beim scheibenweisen Herunterstechen vom Kompostwürfel in kleine Schnipsel zerfällt. Binnen vier Wochen sind sie spurlos verrottet.

Wir sollten beachten, daß beim Zusatz von Papier und Pappe, die kalireich (0,5 %), aber phosphatarm (0,1 %) und stickstofffrei sind, je 10 kg Kompost, 1,0 bis 1,5 kg Peru-Guano oder Oscorna oder 0,5 kg NP-Dünger (Stickstoff und

Phosphat 20 : 20) aufgestreut werden können. Die Kompostierung von Kunstdruckpapieren, die schlecht verrotten, kann nur Experten empfohlen werden.

Müllkompost enthält oft einen großen Anteil verrottete Papiere und Pappen, dazu bedeutende Mengen basisch wirksamer Stoffe, die zu einem hohen pH-Wert zwischen 7,3 und 7,8 führen. Wintermüll mit hohem Brikettaschenanteil ist borreich. Manche Müllkomposte enthalten Salze und andere lösliche Stoffe. Sie können daher nur stark mit Floratorf gestreckt zur Bodenverbesserung im Garten verwendet werden. Müllkompost muß scherben- und metallfrei sein. Qualitativ hochwertige Müllkomposte, zum Beispiel aus Blaubeuren, dürfen alle drei Jahre in Mengen von 10 bis 20 dz je 100 m² im Verhältnis 1 : 1 mit Floratorf gemischt als Bodenverbesserungsmittel untergegraben werden. Nicht alle Müllkomposte sind empfehlenswert.

Zusätze zum Kompostieren

Drei Gründe gibt es für Zusätze zum Kompostieren: Erstens soll der Rottevorgang gefördert, zweitens der Kompost in seiner endgültigen Zusammensetzung bereichert werden und drittens gibt es Zusätze, die einen Nachteil vom Kompost fernhalten sollen.

Aus der Liste kompostierbarer Stoffe ist ersichtlich, daß eine Reihe davon keine einzige arbeitsfähige Rottebakterie mitbringt. Da aber zum zügigen Verrotten Myriaden luftliebender Mikro-Kompostbereiter gleichmäßig verteilt sein müssen, kann das nicht der Zeit und dem Zufall überlassen bleiben. Gewiß, irgendwann verrottet alles. Aber wie und wann, das ist für die Kompostbereitung von großer Bedeutung.

Der naheliegendste Beschleuniger für den Rottestart ist eine Schaufel frischer **Altkompost** von der letzten Füllung. Der wird gleichmäßig über die Kompost-Rohstoffe gekrümelt, es muß gar nicht viel sein. Darin sind genug Rottebakterien enthalten, die sich in der neuen Masse lebhaft vermehren. Manche der kommerziellen Kompost-Beschleuniger enthalten nicht viel mehr als Komposterde.

Die Hersteller von **Förderungsmitteln** für das Kompostieren bringen neben dem Bakterienanteil noch Tonminerale ein wie Illit oder Montmorillonit, auch Bentonit genannt. Solche seltenen Tonarten fördern die Dauerhumusbildung. Koalinit hilft hierbei nichts; Vorsicht also bei Mitteln, die jene Tonerde preisen.

In den trockenen Kompost-Zusätzen haben sich die wasserlebenden, nützlichen Bodentierchen verkapselt, ebenso die niederen Würmer und andere Vielzeller, um lange Dürrezeiten sowie Hitze und Kälte (in wahrhaft erstaunlichen Graden) zu überstehen. Um wieder aktiv zu werden, brauchen sie nur die hauchfeinen Wasserfilme, die feuchte Bodenkrümel überziehen. Deshalb empfehlen die Hersteller von Kompostierhilfen, darüber eine dünne Lage Gartenerde zu breiten. Alter Kompost tut denselben Dienst, aber dann braucht man keinen Kompostbeschleuniger.

Mikrolebewesen zur anhaltend wirksamen Bodenverbesserung sind auch in den Torfedelprodukten wie Florahum enthalten. Das ist ein Gemenge stark und schwach zersetzter Hochmoortorfe mit besonders hohem Gehalt an organischer Substanz, Haupt- und Spurennährstoffen, Kalk und Azotobacter. Alle Zusätze sind so mild, daß notfalls in reines Florahum gepflanzt werden könnte. Geliefert wird der Edeltorf in Plastiksäcken zu 110 und 80 l.

Viel spricht dafür, den Kompost auf dem eigenen Mist wachsen zu lassen. Wer den Start-Zusatz eines namhaften Herstellers verwendet, aus Europas größter Knochenmühle, der Paul Günther Cornufera GmbH, Weinstraße 19, D 8520 Erlangen 2, ist gut beraten. Wenn die Schnell-Komposter herausbringen, streufertig und „biologisch-aktiv“, dann hat man eine Art Garantie, daß die Kompostierung davon wirklich beschleunigt wird, das Endprodukt deutlich verbessert. Eine andere Qualitätskontrolle für Spezial-Zusätze hat man vor dem Einkauf nicht, auch keine Testberichte. Die 1,5-kg-Dose Hornoska-Schnell-Komposter für 5,45 DM reicht je nach dem Rohmaterial für 1 bis 1,5 m^3, wenn alle 15 bis 20 cm einmal übergepudert wird.

Früher war der Haupt- und Normalzusatz auf dem Komposthaufen der **Kalk.** Welche Vorstellungen sich damit verbunden haben, ist nicht ganz deutlich. Die weiße, aseptisch erscheinende Abdeckung muß die Abfälle insgesamt in der Vorstellung keimfrei gemacht haben. Tatsächlich war Kalk nötig, wenn in dem Haufen Faulsäuren entstanden sind.

Das Mückesche Kompostsilo-Verfahren hat Kalk nicht nötig, er kann sogar schädlich werden, wenn die neutrale Reaktion natürlicher Feuchte zu stark ins Basische verschoben würde. Das stört die ausgeglichene Bodenfauna, deren natürliches Milieu eher leicht säuerlich ist. Dann hält sich der hohe pH-Wert noch eine Weile und macht den Kompost für die eine oder andere Kultur zu kalkhaltig. Selbst einige Torfanteile sind kein Grund für starkes Kalken, denn die Huminsäuren sind milde.

Anders sieht es mit **Kalkstickstoff** aus. Niemand kann völlig sicher sein, daß in den Kompostrohstoffen keine schädlichen pflanzlichen oder tierischen Keime enthalten sind. Um für alle Fälle sicherzugehen, streut man auf jede Lage eine Handvoll dieses Düngers, der in seiner Cyanamidphase ein Desinfektionsmittel ist. Es tötet keimende Unkrautsamen ebenso wie Bodenschädlinge und Krankheitserreger. Die nützlichen Bodenlebewesen sind davon offenbar nicht betroffen. Jedenfalls hat man bei den Springschwänzen anschließend deutlich vermehrte Bevölkerungsdichte angetroffen. Zurück bleiben 6 kg Kalk und Stickstoff aus 10 kg Kalkstickstoff.

Unersetzlich ist Kalkstickstoff, wo Kohlhernie aufgetreten ist (auch an kreuzblütigen Unkräutern). Die Dauersporen verseuchen den Boden auf Jahre hinaus, daß Kohlanbau sinnlos wäre. Deshalb darf kein hernieverdächtiges Wurzelwerk oder Erde aus dem Wurzelbereich in den Kompost gelangen. Das ist nicht so einfach, da es jede Menge Kreuzblütler gibt, auf die man nicht verzichten möchte, die man gar nicht vollständig ausrotten kann. Damit es nicht soweit kommt, ist die Kalkstickstoffgabe zu einem Muß geworden.

Als „Aktivierungsmittel bei der Kompostherstellung" werden die **Blut-, Horn- und Knochenmehldünger** genannt. Dazu gehören die cornu-sol Hornspäne und Hornmehl, das Knochenmehl Kerafim, Blutmehl cornu-lan, jeweils in mehreren Varianten mit 10 bis 14 % Stickstoffgehalt, der langsam frei wird. Die Korngröße bestimmt den Abbautakt: je feiner, um so fixer. Geliefert wird in Polysäcken zu 25 kg zum Tagespreis auf Anfrage. Sie bringen hohe Mengen rein organischer Substanz in die kompostierende Masse. Weitere Einzelheiten darüber im Lehrmeister-Buch Nr. 633 „Richtig düngen".

Zur Strukturverbesserung dient **Floratorf** als Kompostierzusatz. Er wird eingestreut, um feuchte Dichte aufzulockern, überflüssige Feuchtigkeit aufzusaugen. Reichlicher Torfzusatz ist bei wasserreichen Abfällen (Rasenschnitt, Gemüse- und Obstabfälle) dringend anzuraten. Andernfalls bleibt der Kompost zu naß. Auch Gartenerde, Papier und Pappe lockert man mit Torfzwischenlagen auf. Dazu bleibt der Humusgehalt des Torfs erhalten, stabile Grundlage, um den Kompost später als Humusdünger verwenden zu können. Torf kann in beliebigen Mengen zugesetzt werden, sogar pur verkompostiert. Sinnvoller ist die Mischung mit Grünabfällen; denn sonst könnte man den Torf unkompostiert an Ort und Stelle einsetzen (s. Lehrmeisterbuch Nr. 637 „Die Torffibel").

Der eingebaute Schwamm

In den letzten Jahren tauchte die Frage auf, ob die modernen Schaumstoffe im Kompost als Ergänzung der organischen Humusstoffe eingesetzt werden können. Zur Verbesserung des Bodens im Freiland, unter Glas wie im Gefäß haben sich die

Harzschäume hervorragend bewährt, wie an den steigenden Absatzzahlen zu erkennen ist, vor allem seit Torf so knapp und teuer wurde. Die weißen Schaumkrümel sind zu einem Qualitätsmerkmal gärtnerischer Erden geworden, sie verbessern auch den Kompost.

Hygromull besteht aus rein organischer Substanz, einem flockigen Urea-Formaldehyd-Harzschaum mit 30 % Stickstoff und 30 % Kohlenstoff. Das entspricht einer CN-Zahl von 1, allerdings sind nur 0,25 bis 0,50 Prozent des Stickstoffs unmittelbar pflanzenverfügbar, der ganze Rest wird in Böden von plus minus 6 pH in einer Rate von 3 bis 5 % jährlich abgebaut. Man hat also lange was davon. Die handelsüblichen Flocken aus dem Sack wiegen 35 bis 40 kg/m^3, das Raumgewicht der Trockensubstanz beträgt nur 22 kg/m^3. Nach DIN 11 542 beträgt die Wasserkapazität 90 Volumen-%, das dürfte in der Praxis etwa 50 bis 70 % entsprechen. Für Substratbereitung rechnet man einen maximalen Anteil von 30 bis 40 Volumen-%, auf der Fläche sollten 2 bis 3 m^3 für 100 m^2 nicht überschritten werden.

Was bewirkt diese saugfähige Variante ausgeflockten Hartschaums in einem Substrat wie dem entstehenden Kompost? Die Wirkung ist mit einem Schwamm vergleichbar. Selbst knochentrocken nimmt er fast gierig Wasser auf, dazu die darin gelösten Nährstoffe. Das ist besonders wichtig bei Mineralien, die im Boden schwer oder gar nicht beweglich sind, wie Magnesium, Phosphate, Kali, das nur wenige Zentimeter in der Krume wandert. Das hilft den Salzschock zu vermindern, vor allem in abgemagerten Tragschichten, denn das gespeicherte Wasser verdünnt die Bodenlösung. Trotzdem vernäßt flockenreicher Boden nicht, weil überflüssiges Wasser abläuft. Ohne Totwasserreste wird alles gespeicherte Niederschlagswasser an die Pflanzenwurzeln abgegeben.

Die Poren erhöhen gleichzeitig den Luftaustausch des Bodens, verbessern damit die Wärmeführung, so daß sich die nutzbare Vegetationszeit geringfügig verlängert. Die geringere

Bodendichte verringert den Widerstand, den die Wurzeln beim Eindringen zu überwinden haben, sie gehen zügiger in den Untergrund und wachsen insgesamt besser, dank der luftigen Vorräte von Wasser und Nährstoff.

Die organische Substanz bildet mit der geringen Abbaurate organische Kolloide, die Dauerhumus stabilisieren, indem sie verhindern, daß Feinteile in den Poren abgelagert werden und sie verstopfen. Das extrem enge CN-Verhältnis begünstigt die Rotte und verhindert, daß sich während des Abbaus der pH-Wert verschlechtert. Da Kompost normalerweise mehr kurzlebige Nährhumusformen entwickelt, verbessert die lange anhaltende Wirksamkeit der Flockenware die Kompost-Qualität erheblich.

Aus 70 % Hygromull und 30 % Styromull, das nicht mehr im Angebot ist, wurde eine Mischung geschaffen, die jetzt Hygropor heißt. Styromull ist ein aufgeschäumtes Polystyrol, chemisch neutral, geruchlos, absolut pflanzenverträglich, nimmt kein Wasser auf und zersetzt sich im Boden nicht. Die neue Mischung hat deshalb nur noch ein Schüttgewicht von 14 kg/m^3 trockene Flocken, und die Wasseraufnahmefähigkeit blieb bei 50 Volumen-%. Die Handelsware wiegt 35 kg/m^3, davon werden 2 bis 3 m^3 auf 100 m^2 Freilandfläche ausgebracht, unter Glas 1,5 bis 2 m^3, im Landschaftsbau auf schweren Böden bis maximal 5 m^3 auf 100 m^2.

Für die Substratherstellung ist bei Jungpflanzenanzucht ein Flocken-Anteil von 25 Volumen-% möglich, für Topfpflanzen mit geringem Bodenluftbedarf 20 bis 25 %, mit hohem Bedarf 30 bis 40 %, für Container 25 bis 35 %, im Landschaftsbau, darunter sind zu verstehen Kübelpflanzen, Tröge, Dachgärten, bis 50, für Moorbeetpflanzen 40 bis 50, jeweils Volumen-%. Aus diesen Hersteller-Angaben läßt sich ungefähr der jeweils angebrachte Flockenkompost-Anteil errechnen, über den grünen Daumen peilen.

Regenwurmzucht im Komposter

Mönche sind die ersten gewesen, die mit der systematischen Regenwurmzucht begonnen haben. Am bedeutendsten unter ihnen der verstorbene Benediktiner-Pater August Hessing, der sogar im Konzentrationslager Dachau seine Versuche mit Eisenia foetida fortsetzen durfte. In seinem Lagerbetrieb waren zum Schluß 36 Häftlinge beschäftigt, die dem Regenwurm ihr Leben verdanken.

Die vierzigjährige wissenschaftliche Arbeit Hessings, später im Kloster von Gerleve in den Baumbergen zwischen Münster und Coesfeld, ist weltweit anerkannt. Regenwurmfarmen entstanden, die steigenden Bedarf nicht nur im Gartenbau decken müssen. Kunden sind Fachgeschäfte für Anglerbedarf, der Zoofachhandel, Zoologische Gärten, wissenschaftliche Institute, Fischzuchtbetriebe und Anglervereine, Froschfarmen, in denen Ochsenfröschen das Leder für feine Moden abgezogen wird, Vogelhändler und Vogelzüchter.

Die Aufzählung soll niemanden dazu anregen, als Nebenerwerb einen Regenwurmversand aufzumachen. Sie soll vielmehr klarmachen, daß an der Regenwurmzucht nichts Lächerliches ist. Die größeren Firmen liefern Daueraufträge über 10 000 Würmer ins In- und Ausland. Allerdings gibt es Kleinbetriebe, bei denen man vorsichtig sein muß.

Betrügerische Versandhändler verlangen 30 Mark für sechs Seiten maschinengeschriebene Anleitung, deren Inhalt von haarsträubender Ahnungslosigkeit ist. Sie versprechen aus einem Zuchtwurm im Jahr einen Nachwuchs von 1500 Jungtieren, aber 700 Stück wenigstens. Davon, daß die Regenwürmer täglich ihr eigenes Gewicht an Futter brauchen, bei hundert Würmern mittlerer Größe sind das rund 1 kg pro Tag, davon ist keine Rede. Aber das dicke Ende kommt erst. Für 1000 „Wunderwürmer“ aus geheimnisvoller Abstammung jenseits des Atlantiks verlangen sie über 400 Mark. Allerdings, mehr als 100 Stück können sie dann doch nicht liefern (so zahlreich ist der Nachwuchs!). Und wie soll der Erfolg aussehen: „Einen

Spaten werden Sie nie mehr brauchen" und „Faules und wurmiges Obst (gemeint ist madiges, genauer von Larven des Apfelwicklers befallenes) gibt es nicht mehr".

Solche Leute, die nichts anderes vorhaben, als aus Dreck Geld zu machen, richten viel Schaden an, indem sie Regenwurmfarmen insgesamt in Mißkredit bringen. Die seriösen Lieferanten werden überall gebraucht, wo Abfallverwertung, kombiniert mit Kompostgewinnung und gezielter Nachzucht von Erdverbesserungswürmern, betrieben werden soll. Es kommt dabei entscheidend auf die richtige Art und Gattung an; denn durchaus nicht alle Mistwürmer sind für Erdbesatz geeignet, andere wieder überstehen mehr als 30 % Mist im Komposter nicht. Darüber muß man sich informieren, wenn ein Mitglied des Anglervereins für seine Mitangler einen Komposter aufstellt oder der Verein selbst, gefüttert mit Abfällen vom nächsten Super-Markt. In der Kleingarten-Kolonie, in der Siedlung, beim Obst- und Gartenbau-Verein, in der Nachbarschaft ohne Vereinsbindung kann ein Komposter für die Regenwurmzucht aufgestellt werden.

Der Sickerrost verhindert das Abwandern der Regenwürmer nach unten, heißt es in einer Werbeschrift des Komposter-Herstellers. Er verhindert auch das Eindringen von Regenwürmern vom Boden aus. Da im normalen Abfall keine Regenwurmbrut enthalten ist, muß also jeweils ein Zuchtansatz zugegeben werden. Den Regenwürmern darf es nicht zu warm werden, weil sie nicht in den kühlen Boden darunter abwandern können. Der Regenwurm-Komposter muß also, wenigstens den Sommer über, im Schatten geschützt stehen. Er muß so beschickt werden, daß die Rottetemperaturen nicht zu hoch steigen und die Ernährung der Regenwürmer gesichert ist.

Für den Gartenbesitzer ist die bodenverbessernde Dauertätigkeit eines ausreichenden Regenwurmbestandes sehr nützlich. Krümelbildende Kleinlebewesen beleben den Boden gerade einen Spatenstich tief, bestimmte Arten der Regenwürmer bis 2 m im Untergrund durch schieren Lehm und Sand, ein Pionier für tiefgehendes Wurzelwerk; nicht nur große Bäume, auch einige Gräserarten wurzeln bis tief unter 1 m.

Regenwürmer lockern den Boden auf, verdauen ihn zu festen Krümeln. Dabei vermischen sie die mehr oder weniger belebten Zonen. In einem Versuch mit halb Sand, halb Kompost in einem Gefäß (s. Abb. 12) findet man bereits nach wenigen Monaten eine einheitlich schwarze Masse. Dabei wird alle frische organische Substanz ohne lange Rotte huminisiert, die Zahl der nützlichen Bakterien vermehrt sich auf das Fünffache.

Regenwurmbesetzte Parzellen liefern den zweieinhalbfachen Ertrag der Vergleichsflächen. Wir verdanken das einer Kotproduktion von 5 bis 8 kg auf 1 m², die fünfmal reicher ist an pflanzenverfügbarem Stickstoff als normale Gartenerde, siebenmal phosphatreicher, elfmal kalihaltiger, jeweils in löslicher Form, doppelt so reich an Magnesium und unterschiedliche Vielfache anderer Spurenelemente enthält, gerechnet auf ein Jahr.

Die Produktion dieser hochwertigen Exkremente hängt von der Jahreszeit ab, genauer von den vorherrschenden Temperaturen. In normalem Witterungsverlauf liegt die Menge zwischen August und Oktober bei 2 bis 3 g/m², steigt steil auf 20 bis 30 g/m², fällt im Dezember und Januar weit zurück mit einer zweiten Leistungsspitze Anfang Februar. Die Zahlen wurden von Evans und Guild nach Satchell von einem Feld bei Rothamsted in England berichtet. Mit gezielter Zucht läßt sich die Wurmdichte im Garten steigern, in gepflegten Böden bis 200, in besseren Erden bis 300 und in bester Komposterde bis 400.

Die Besetzungszahlen spiegeln den jahreszeitlichen Rhythmus wieder. Sie sind in den Sommermonaten bis August am geringsten und liegen unter zehn Stück auf einem Quadratmeter. Ab September steigt die Dichte bis 40 und 50 Stück, langsamer dann im September, Oktober, November bis auf Spitzenwerte von 70 oder in Sonderfällen darüber hinaus. Danach fällt die Zahl steil ab.

Abb. 12 Der berühmte Versuch: ein Gefäß wird halb mit Sand und halb mit Kompost gefüllt. Regenwürmer machen daraus binnen kurzer Zeit eine einheitlich dunkle Masse.

Auf kleinen Gartenflächen kann man die Besiedlung mit Regenwürmern verdichten. Als erstes geht man zu umbruchloser Bodenpflege über und deckt den offenen Boden dick mit Frischkompost ab. Je mehr unverrottete organische Masse als Futter zur Verfügung steht, um so höher ist die Vermehrungsrate. Eine Bodendecke hält die Oberkrume in heißen Sommermonaten feucht und kühl. Umgekehrt dürfen die Böden nicht zu naß, sauerstoffarm und sauer sein. Hier wäre zu drainieren, dann für einen besseren pH-Wert mit Kalk zu sorgen, schließlich insgesamt den Bestand an Mineralsalzen, Phosphor und Kali zu erhöhen.

Die höchsten Wurmzahlen sind auf Wiesen ermittelt worden, weil der Boden nicht bearbeitet wird, die Regenwürmer nicht gestört werden. Im Garten ist die Regenwurmdichte geringer als im Rasen. Die wöchentliche Ration von Grasschnipseln als Zufutter, ungestörte Ruhe im Röhrenbereich, im Sommer der Regner drauf, wenn die Sonne mal länger scheint. Dem Gartenbesitzer könnte das recht sein, wenn nicht einige Arten die Gewohnheit hätten, ihre Kothäufchen an der Oberfläche abzusetzen. Verdichtet sich dieser Belag, wird die Fläche rutschig und nicht mehr für alle Zwecke angenehm.

Dennoch wird niemand, der bis hierhin verständnisvoll gefolgt ist, zu einem Mittel greifen, das die Regenwürmer tötet. Die Wurmkur für den Rasen sieht primär so aus, daß der Rasenschnitt aufgefangen oder abgefegt wird, kein Kali verwendet, sondern Rasen-Sand (Lawn-Sand, Top-Dressing), schwefelsaures Ammoniak statt der üblichen Rasendünger, eventuell im Frühjahr und Herbst, wenn milde, feuchte Witterung die Regenwürmer an die Oberfläche lockt, eine dünne Torflage. Einen dichten Besatz an Wurmhäufchen wird man nicht breittreten oder flachwalzen, sondern mit scharfem Besen oder Fächerbesen abkehren. Außerdem beregnet man den Rasen nicht gerade regenwurmfreundlich.

Was hat der Regenwurm mit Regen zu tun? Der Name bezieht sich darauf, daß einige Mitglieder dieser arbeitsamen Familie bei Regen an die frische Luft kommen. Sie sind alle wetterfühlig, besonders was die Temperaturen angeht. Sie fühlen sich am wohlsten bei 12 bis 16 Grad Celsius. Wird es wärmer, wandern sie ab in den kühleren Untergrund, ringeln sich dort in kleinen, ausgebauten Höhlen zusammen.

Es gibt zahlreiche Regenwurmarten. Eine davon lebt im Mist- oder Komposthaufen, weshalb sich die deutsche Bezeichnung Mist- oder Kompostwurm eingebürgert hat.

Auf die Frage an den Hersteller, wenn im Komposter rasch erwärmende frische Abfälle wie der Rasenschnitt anfallen, gibt er folgende Antwort: Kommt es zur Heißgärung, werden die Regenwürmer vernichtet. In der Praxis jedoch enthält der frische Abfall mit Ausnahme mancher erdehaltiger Gartenabfälle keine Würmer. Der Silo „wächst", die Hitze verlagert sich in die oberen Silobereiche, unten wird es kühler. Sind die Seitenwände 30 cm hochgezogen und der Siloinhalt beginnt zu vererden, wird in Rostnähe mit der Impfung begonnen. Die Regenwürmer vermehren sich rasch und kriechen so hoch, wie es die Temperaturen zulassen.

Wurmkur für Kompostsilos

Ausgenommen Metall und Plastik gibt es nicht viel, was der Regenwurm nicht frißt. Mit seiner Muskelkraft, die das 50- bis 60fache seines Eigengewichts bewältigt, bohrt und frißt er sich durch sein Element. Dabei nimmt er mineralische Bodenbestandteile auf, samt allem, was an organischen Stoffen, Bodenfauna und -flora darin enthalten ist. Im Kropf- und Kaumagen wird das mit Hilfe kleiner Steinchen vom Ringmuskel kräftig durchgewalkt, geknetet, vermischt, aufbereitet und als stabile Bodenkrümel wieder ausgeschieden.

Der Inhalt des Kompostsilos ist das ideale Regenwurmfutter. Besonders gern genommen werden Küchen-, Gemüse-, Obstabfälle, Papiere, Wellpappe und Kaffeesatz, den man eimerweise von Cafés und Restaurants abholen kann. Reichen die Gemüseabfälle aus dem eigenen Haushalt nicht, ist der Lebensmittelhändler dankbar, wenn etwas davon abgeholt wird. Damit es nicht zu dicht und warm wird, benutzt man ein wenig Heckenschnitt zum Auflockern.

Auf der Speisekarte für Regenwürmer nach Heyer stehen Kleintier- und Geflügelmist, Kraut und Unkraut (worunter Brennesseln, Schafgarbe, Löwenzahn besonders günstig sein sollen), Torf, Laub, Heu, Nadeln von Koniferen, gewerbliche wie industrielle Abfälle, soweit sie geruchlos, hygienisch und rückstandsfrei, Erden, Aschen, mineralische Stäube (aus Steinbrüchen Granit, Basalt, Feldspat, Kalk). Einen verwöhnten Magen haben Regenwürmer nicht. Heyer meint sogar, ein gewisses Maß an Umweltschmutz dürfte man ihnen zumuten, sie würden damit fertig. Lockstoffe für Regenwürmer sind Baldrianblüten-Extrakt, Basalt-, Horn- und Blutmehl.

Wer als Angler für sich und seine Anglerfreunde Regenwürmer aus seinem Garten gewinnen will, verwendet Zwei- bis Dreimonatskompost aus Kompostern. Diesen jungen Kompost können wir an einer kühlen, schattigen Stelle – damit neue Regenwurmgenerationen von unten zuwandern können – etwa 50 cm hoch aufbringen, gut feuchthalten und mittels einer lichtdurchlässigen Folie abdecken. Bald wird der Kompost von Regenwürmern wimmeln. Legen wir im Spätherbst auf die Folie etwa 50 cm hoch Stroh, ist die „Regenwurmernte" sogar im Winter möglich.

Oder wir holen beim Lebensmittelhändler gebrauchte Obstkisten, legen auf den Boden eine Lage Wellpappe. Darauf kommt 5 bis 10 cm hoch Zweimonatskompost, den wir mit Regenwürmern aus dem Garten impfen. Sie kommen nach stärkerem Regen oder nach längerer Beregnung in die obere Bodenschicht und fühlen sich in Pflanzennähe am wohlsten. Wenn wir das Unkraut am frühen Morgen nach Regen oder Beregnung mit der Ziehhacke 2 bis 3 cm unter der Bodenoberfläche abschneiden, gibt es viele Regenwürmer für die Kompostimpfung. Über die Kompostschicht kommt nach dem Impfen durchgefeuchtete Wellpappe, darauf Kompost und Wellpappe bis die Kiste voll ist.

Die regenwurmbesetzten Kisten stellen wir in den Schatten und halten sie feucht. Wir können sie im Keller oder Schuppen übereinander wie Obststeigen stapeln und dadurch vor übermäßiger Wärme und Kälte schützen. Um die Verdunstung zu verringern, decken wir die Stapel mit Folie ab. Zum Ausleeren nach vier Wochen stellen wir die Kisten auf den Kopf, entnehmen die großen Regenwürmer und verwenden die kleinen sowie die halbverrottete Wellpappe, an der die Würmer wie Trauben hängen, die voll besetzt mit Regenwurmeiern ist, zum Impfen der nächsten Kistengarnitur.

Als gute und sichere Aufzuchtbehälter eignen sich Kompostsilos, in denen zugleich mit Regenwürmern Humus produziert wird. Das Blech schützt sie sicher vor Kröten, Maulwürfen,

Wühlmäusen, Vögeln. Es braucht keine Dränage angelegt zu werden, wie unter Kästen, die auf dem Boden stehen oder in den Boden eingelassen werden. Wenn zu stark gegossen wurde, läuft das überflüssige Wasser durch.

Wird die Regenwurmzucht betrieben, um den Besatz im Garten zu erhöhen, verteilt man den herangereiften Kompost samt Belegschaft an einem regnerischen Tag oder gegen Abend auf dem Land, ohne gleich unterzuarbeiten. Damit läßt man den verletzbaren Würmern Zeit, sich zu verkriechen. Einen Brutansatz läßt man für die nächste Silofüllung zurück, füttert ihn zwischen die feuchten Abfälle, zwischen zerschnipselte und eingeweichte Papierreste und Wellpappe.

Wohin die Regenwürmer aus dem Komposter gebracht werden, ist ebenfalls nicht belanglos. Zuerst ist dafür zu sorgen, daß alle Obstbaumscheiben einen dicken Belag bekommen, desgleichen die Beerenobstreihen. Hier ist von tiefer Bodenbearbeitung wegen des flachen Wurzelwerks dringend abzuraten. Neben den Stellen, die es im Nutzgarten nötig haben, ist Bodenverbesserung im Ziergarten nicht weniger wichtig.

Wenn man die Regenwürmer nicht mit dem Kompost verstreut, sondern gewissermaßen blanko entnehmen möchte, empfiehlt sich ein Verfahren, das in Regenwurmfarmen angewendet wird. Stellt man die Kästen in die Sonne, kann man wurmfreien Kompost abnehmen, weil sich alles, was ringeln kann, nach unten abgesetzt hat.

Völlig regenwurmfrei sollten die Blumentopferde und alle Erdmischungen für Pflanzgefäße sein, auch wenn sie den Sommer über im Freiland in die Erde eingegraben waren. Im engen Ballenraum der Töpfe und Kübel wirken Regenwürmer immer wo nicht schädlich, so doch störend. Da man es den Töpfen nicht von außen ansieht, ob sich Würmer eingeschlichen haben, stellt man sie grundsätzlich vor dem Hereinbringen einige Stunden in Wasser. Das treibt unerwünschte Eindringlinge aus. Wird Kompost zur Herstellung von Pflanzerden benutzt, sorgt man dafür, daß er nicht verwurmt ist.

Die zweckmäßige Kompostverwendung

Vom Nähr- zum Dauerhumus

Ein fruchtbarer Boden wird gern als lebendig bezeichnet. Damit ist die Gesamtheit der pflanzlichen und tierischen Lebewesen gemeint, die etwa zehn Prozent der organischen Trockensubstanz in Gartenböden ausmacht. Bodenkundler nennen das Edaphon. Der Anteil unterirdischer Tierwelt kann gewichtsmäßig bis 40 % ansteigen, wo Regenwürmer vorhanden sind, sonst überwiegt die Bodenflora.

Neben Regenwürmern wimmeln in der Krume eines humosen Bodens unvorstellbare Massen anderer Bodenlebewesen und Mikroorganismen. Dazu gehören Bakterien aus vier Ordnungen, 0,01 bis 0,1 mm große Einzeller ohne Kern, die sich vermehren, indem sie sich zweiteilen, oft alle halbe Stunde. Bis zu mehreren Milliarden davon können in einem Gramm Boden leben, darunter die Pseudomonadales, die Stickstoff umwandeln, Schwefelumwandler (und zurück in Schwefelwasserstoff) und Zellulose-Zersetzer wie Cellvibrio und Cellfalcicula. In die Ordnung der Eubacteriales gehören die bekannten Knöllchenbakterien Azotobacter croococcum, andere Stickstoffbinder, Phosphatlöser, Chelatbinder und abermals Zellulose-Zersetzer wei Cellulomenas. Die Ordnung der Strahlenpilze ist als Heilmittel weit bekannt geworden, im Boden bieten sie Zersetzer wie Cellulomenas. Die Ordnung der Strahlenpilze ist sind sie empfindlich gegen Bodensäure und -nässe. Unter diesen siedeln die wärmeliebenden Thermoactinomyces, die an der Heißgärung des Komposts bei 50 bis 60 Grad Celsius mitwirken. Sie bilden pilzähnliche Geflechte, die Krümel verfestigen und Humus bilden. In der vierten Ordnung schließlich versammeln sich alle Mycobacteriales, auch Zellulose-Zersetzer, die holzige Kompostbestandteile abbauen. Unter diesen Schleimbakterien gibt es räuberische Arten, die sich auf den Verzehr von Artgenossen spezialisiert haben.

Diese Bodenbakterien haben den Stoff Humus geschaffen,

von dem sie leben. Wie gewaltig die Leistung dieser kleinen Humusbildner ist, hat in Jena Professor Dr. E. Heinisch ausgerechnet. Danach bilden sie in einem Jahr auf dem Hektar, also 10 000 m^2, neuen Humus im Gewicht von 30 dt (Dezitonnen = 0,1 t), das entspricht in alten Maßen 60 Zentnern. Dazu kommen jährlich bis 8 dt/ha Ammoniak und Salpeter, schnell wirkende Stickstoffdünger. Dazu werden 2,5 dt/ha Luftstickstoff assimiliert, das heißt an aufnehmbare Stickstoffformen angeglichen. Schließlich werden 0,5 dt/ha beweglicher Bodenstickstoff in die Vorratskammern des Bodens übergeführt. 0,5 dt/ha Phosphorsäure werden aufnehmbar gemacht und bis 2 dt/ha Kali aufbereitet. Das ist noch nicht alles.

Der größte Happen sind 100 dt/ha Kohlensäure (CO_2 = Kohlendioxyd), ein gewaltiger Atemzug des lebendigen Bodens. In der bodennahen Luft ist das CO_2 knapp, nur 0,03 %, verglichen mit den 78,09 Volumen-% Stickstoff, die darin frei herumfliegen. Die Pflanzen brauchen mehr freies CO_2, als natürlich vorkommt, wie bei Versuchen mit Kohlensäuredüngung festgestellt wurde. Die Erträge und Wuchsleistungen stiegen, als man in lichtarmer Zeit in Treibhäusern den CO_2-Gehalt verdoppelte.

Im Garten ist die Kohlensäuredüngung nicht üblich, weil man die nicht in Plastiktüten kaufen und ausstreuen kann. Wird halbgarer Schnellkompost aus dem Silo verteilt, kann bei entsprechenden Lichtverhältnissen und bei Windschutz der Kohlensäuregehalt des Bodens wie der Luft so erhöht werden, daß die Pflanzen darauf reagieren. Sie brauchen ihn nicht nur als Nährstoff, wo er oft ins Minimum gerät, sondern ebenso im Boden. Dort zerlegt die Kohlensäure organischen Stickstoff, mineralischen Phosphor, Bodenmineralien und schwer lösliche Nährstoffe. Das bewirkt nebenher der nährhumusreiche Frischkompost.

Viele Jahre streiten sich Kompostfachleute darum, ob man Frischkompost nach sechs bis neun Monaten einsetzen solle oder den Reifkompost, über ein Jahr alt und völlig verrottet.

Heute hat man sich auf den Mittelweg geeinigt, nicht zu jung, nicht zu alt. Um das zu verstehen, muß man die unterschiedliche Wirkung von Nähr- und Dauerhumus ansehen, die in den folgenden Abschnitten gegenübergestellt werden. Reiner Kompost mit seinem hohen Anteil Dauerhumus verlor mit den verrottbaren Bestandteilen alles Kohlendioxyd, kann dafür in tiefere Bodenschichten untergegraben werden.

Frischkompost wird hauptsächlich als eine Art Mulch-Kompost verwendet, je jünger er ist, um so flacher muß er untergebracht werden. Gräbt man ihn unter, kommt es zur Faulgärung, von der Wurzeln geschädigt werden. Am besten wird er im Garten überhaupt nicht vergraben, sondern als Bodendecke oberflächlich ausgebreitet.

Von den drei Humusarten (Mull, Moder und Rohhumus) sind zwei zu unterscheiden: Nährhumus besteht aus frischen, nicht abgebauten organischen Substanzen, die biochemisch umgewandelt werden, die Bodenorganismen (Regen- und sonstige Würmer, viele andere Bodentiere, Bakterien, Pilze und dergleichen) als Nahrung brauchen. Dauerhumus werden fertige Umwandlungsprodukte genannt, die nicht als Nahrung dienen und sich langsam zersetzen, die Bodenqualität aber wesentlich verbessern. Die komplexe Zusammensetzung des ausgereiften Humus mit seinen fruchtbaren, quellfähigen Huminsäuren und -stoffen, organischen und anorganischen Umsetzungsprodukten braucht uns hier nicht zu beschäftigen. Es genügt zu wissen, daß Humus die Bodenfruchtbarkeit auf vielfältige Weise fördert.

Nährhumus entwickelt neben Kohlensäure und Pflanzennährstoffen auch Wärme aus der weitergehenden Verrottung. Im Spätwinter ist deutlich zu sehen, daß humusreicher Boden früher schneefrei wird und eher bereit ist für die erste Bestellung.

Wärmer wird der Boden, weil die lockere, luftige Kompostauflage wie eine Isoliermatte auf dem Boden liegt. Nun kommt der Einwand, im Frühjahr könnte eine solche Isolierung dazu führen, daß der Boden darunter langsamer warm wird. Doch saugt die dunkle Kompostfarbe die Sonnenwärme förmlich auf und teilt sie so dem Boden darunter mit. Es ist eine bewährte Methode, den Boden mit Ruß oder anderweitig anzuschwärzen, damit er sich leichter erwärmt.

Dauerhumus, der sich nach Zusatz von Lehm- und Tonerden oder Bentonit bildet, wärmt den Boden, indem er ihn verdunkelt, lockerer und dauerhafter krümelig macht. Damit erreicht er zugleich ein höheres Vermögen, Wasser zu binden und in dürren Zeiten langsam an die Pflanzenwurzeln abzugeben. Die Wasserhaltekraft des Humus ist mehrmals höher als bei Tonerden, die feuchthalten.

Diese Saugfähigkeit ergibt weitere Pufferfähigkeiten. So werden Nährstoffe festgehalten und gespart für karge Zeiten. In humosen Böden gibt es keine Mangelkrankheiten an irgendwelchen Spurenelementen. Hier tritt das Minimum-Gesetz in Kraft mit einem einzigen Paragraphen: Das Pflanzenwachstum richtet sich nach dem in geringster Menge vorhandenen Wachstumsfaktor. Das Prinzip vom schwächsten Glied in der Kette.

In humosem Boden fehlen die Mikronährstoffe so gut wie nie. Deshalb kann man Chlorosen, also ausgebleichtes Blattgrün aus Eisenmangel, oft dadurch beheben, daß zu hoher Kalkgehalt abgebaut wird. Eisen gehört zu den anorganischen Umsetzungsprodukten bei der Humusbildung.

Spurenelementemangel entsteht durch intensive Bodennutzung mit denselben Kulturen ohne Fruchtwechsel. Mehr Humusdüngung speziell mit Kompost, läßt es nicht erst so weit kommen. Die meisten modernen Spezialdünger liefern Spurenelemente mit, die von den richtigen pH-Werten pflanzenaufnehmbar gemacht werden müssen.

Fruchtwechsel ist im kleinen Garten unserer Tage schwierig. Die Folgen sind Bodenmüdigkeit und andere Wachstumsschäden bei einer ganzen Reihe beliebter Kulturen, vor allem aus der Familie der Rosengewächse. Wer wollte auf Rosen verzichten oder sie abseits vom Weg in den Hintergrund pflanzen, nur um der Rosenmüdigkeit zu entgehen? Wer möchte auf Erdbeeren verzichten, weil man mit ein- oder zweijähriger Kulturdauer schon einmal alle Beete bepflanzt hatte? Wer könnte den Boden an den Pflanzstellen tief genug ausheben und anderen dafür einfüllen? Der moderne Garten ist dicht zugepflanzt! Es gibt eine Möglichkeit: Den Oberboden humoser zu machen. Die Gefahr von Bodenmüdigkeit, gleich welcher Herkunft, ist damit geringer geworden.

Humusreicher Boden macht die Gartenarbeit sicherer, einfacher, problemloser. Das ist notwendig, weil das hochkomplizierte Netz biochemisch-physikalischer Beziehungen zwischen allen Wachstumsfaktoren so fein gewebt ist, daß es im Gartenbau keinen ausreichend genau gesteuerten Kultur-Computer gibt. Die Zahl unbekannter Größen ist zu unübersehbar. Da bietet die Natur einen wundervoll vielseitig wirksamen Regelmechanismus an wie den Kompost.

Gewiß wachsen Pflanzen in purem Sand, Kunststoffen oder Wasser, wenn sie mit Nährlösungen richtiger Konzentration gefüttert werden. Hier wird deutlich, was dem schwammigen Begriff Bodenfruchtbarkeit einige Korsettstangen einzieht. Da sind auf der einen Seite Nichthuminstoffe des Nährhumus, wie die Hemicellulosen und Kohlehydrate, die rasch zerfallen und Mikroben ernähren. Da ist die Sorptionsfähigkeit der Ton-Humus-Komplexe samt allen milden organischen Säuren, die als Nährstoffträger dienen. Da ist der Haushalt eines gesunden, garen Bodens mit gut geregeltem Luft-, Wasser- und Gasaustausch, der überhaupt erst das tierische und damit das pflanzliche Bodenleben ermöglicht.

Das ist der zentrale Punkt dieser ganzen Kompost-Humus-Kultur. Auf einem gesunden Boden braucht es kaum Pflanzenschutz. Eine schwächliche Pflanze, von einer Blattlaus angestochen, rollt ihre Triebspitzen ein und stirbt. Eine vollwertige Pflanze schiebt das befallene Blatt beiseite, der Trieb drückt sich kraftvoll hoch und die trägen Läuse gucken hinterher. Bald kommen die ersten Marienkäfer- und Florfliegenlarven und saugen die vollgefressenen Parasiten leer. Der Kreislauf hat sich geschlossen.

Bodendecke wirkt tief

„Bodendecke" klingt wie ein Zauberwort: Hilft immer. Das alte Wort Mulchen für die Abdeckung mit frischer Grünmasse hat sich nicht durchsetzen können. Es begann im Obstbau, bei dem die Baumwiesen zwar gemäht, aber das Heu auf den Baumscheiben liegengelassen wurde. Eine Abdeckung verbessert den Boden biologisch, physikalisch, chemisch, in jeder Hinsicht. Das Wachstum von Unkraut wird unterdrückt, damit fallen die Nährstoffkonkurrenz für die Kulturpflanzen und Wasserverluste weg. Wie entscheidend dieser Punkt ist, zeigt die Tatsache, daß die jährlichen mittleren Regenmengen hoch sein müssen, bevor Obstbau im Grasland empfehlenswert ist.

Obstgehölze brauchen ab April einmal im Monat, später alle zwei Wochen, je 1 m² Baumscheibe 25 bis 40 l Wasser, langsam gegossen, damit es auch eindringt. In die Grasnarbe müssen dazu Löcher geschlagen werden oder ringförmig die Narbe abgehoben, damit die Wasserversorgung ausreicht. Das ist mit ein Grund für die Methode der Teilbegrünung, also Grünstreifen zwischen den Baumreihen, wenn die Voraussetzungen für geschlossene Begrünung nicht gegeben sind. Aus diesem Grunde werden Obst- und Ziergehölze in Rabatten gepflanzt, die ganzjährig durch Mulchen oder Hacken unkrautfrei gehalten werden.

Bedeckter Boden verkrustet nicht, schwerer Regen schwemmt ihn nicht weg. Die Temperaturen bleiben ausgeglichener, im Sommer kühler, im Winter nicht so tief gefroren. Die Wurzeln bleiben länger im angenehmen Bereich zwischen 7 und 20 Grad Celsius, die Regenwürmer sind bis in den Winter hinein tätig, auch wenn es oberhalb friert.

Die Verdunstung ist gebremst, es wird weniger Wasser gebraucht, der Boden bleibt gleichmäßiger feucht. Davon wird das Bodenleben, Krümelung und Fruchtbarkeit gefördert.

Hinzu kommt eine ganze Reihe praktischer Vorteile. Bedeckter Boden braucht nicht ständig bearbeitet zu werden, um unkrautfrei zu bleiben. Das ist eine Arbeitserleichterung, zugleich wurzelschonend und wachstumsfördernd für die meisten der überwiegend flachwurzelnden Kulturpflanzen.

Der Humusgehalt nimmt schneller ab, wenn mechanisch gelockert wird, da die organischen Stoffe dabei beschleunigt mineralisiert werden. Die Folge davon ist, daß die Wurzeln weiter an die Oberfläche kommen, auch geringe Niederschläge mitkriegen, die nur wenige Zentimeter tief in die sommertrokkene Krume eindringen. Sie nehmen dort schneller und vollständiger Nährlösungen auf, die ihnen als Termindüngung verabreicht werden. Das hat Bedeutung vor allem für solche Nährstoffe, die im Boden nicht beweglich sind, wie Phosphat und Kali. Die obere Bodenschicht ist nährstoffreicher und besser durchlüftet.

Äpfel färben sich über einer Bodendecke besser aus, weil die Luft in den Herbstnächten über bedecktem Boden stärker abkühlt. Das vermindert die nächtliche Atmung und erhöht den Zuckerüberschuß, aus dem die Früchte rote Farbstoffe (Anthozyane) bilden. Rot gefärbte Früchte sind hübscher und deswegen beliebter, aber auch vitaminreicher als grüne, weniger ausgereifte Früchte. Schließlich bleibt das Fallobst ansehnlicher und sauberer, wenn es nicht auf die rauhe Scholle fällt. Zumindest sind die Schlagmarken weniger auffällig.

Einige Nachteile dürfen nicht verschwiegen werden: Vom Herbst an wäre es günstiger, wenn die Bodenfeuchtigkeit absinkt, eventuell sogar Wasser entzogen wird. Erfahrene Obstbauer lassen ab Herbst das Unkraut stehen, falls es reichlich regnet oder Wasserüberfluß entsteht. Trockener Boden läßt das Wachstum rechtzeitig aufhören, so daß bis zum Winter das Holz besser ausreift und die Gefahr von Frostschäden geringer wird.

Im Frühjahr kann es in Spätfrostnächten, in denen es um wenige Grad Celsius, manchmal um halbe Grade geht, zu

Frostschäden kommen. In Bodennähe liegt die Temperatur über offenem Boden bis drei Grad höher als über bedecktem, der seinen Wärmevorrat weniger abstrahlt. Unter niedrigen Baumkronen wirkt sich das aus. Es wird deswegen geraten, die Bodendecke im Frühjahr mit der Krume zu vermischen und später neu aufzutragen. Das gilt für Stallmist, Heu, Stroh, Sägemehl und groben Kompost, die Wärme zum Teil abweisen, bevor sie in den Boden eindringt.

Ein Nachteil ist, daß sich unter der Bodendecke gern Wühl- und Feldmäuse ansiedeln. Deshalb bleibt man von Obstbaumstämmen eine Handspanne weg, damit der Kontakt etwas erschwert wird. Bei Feldmäusen genügt dieser freie Ring schon, um sie von der Rinde fernzuhalten. Gegen Wühlmäuse nützt diese Maßnahme weniger. Regelmäßig wird kontrolliert, ob Nageschäden aufgetreten sind. Bei den ersten Anzeichen werden die üblichen Maßnahmen der Abwehr ergriffen. Gegen Feldmäuse genügt Giftweizen, gegen Wühlmäuse gibt es ein ganzes Arsenal von mehr oder weniger wirksamen Mitteln und Methoden.

Die Vorteile einer organischen Bodendecke aus ungesiebtem Frischkompost überwiegen die wenigen Nachteile. Viele unserer beliebtesten Zierpflanzen stammen von waldähnlichen, dichtbewachsenen Standorten aus lockerer, lebendiger, lebhaft atmender Oberschicht. Ein Kompostzusatz von Kurzholz, Reisig oder Koniferengrün erhält diesen Zustand längere Zeit. Holz ist Nährboden für Pilze und Bakterien (s. S. 58). Das schafft für die Flachwurzler, darunter fast alle Schatten- und Halbschattenpflanzen das richtige Wurzelbett. Sie vermehren sich darin und überziehen bald ganze Flächen. Einige Prachtstauden, wie die Lilien, sind auf verschatteten Fuß angewiesen.

Diese Beispiele zeigen, daß es keineswegs gleich ist, welches Material man als Bodendecke verwendet. Vorteilhaft sind alle organischen Stoffe, die in Humus übergehen. Weniger wirksam sind Bodendecken, die nur Schattengare bieten, Verdunstungsschutz und Unkrautunterdrückung, also schwarze Mulch- und Schattierfolien. Die geschlitzten PE-Folien bieten ohne Frage für viele Zwecke, vor allem im Nutzgarten bei Erdbeeren und auf anderen Beeten gute Ergebnisse. Für Spargel käme eine andere Abdeckung gar nicht in Frage.

Weniger ansehnlich sind Wellpapp- oder Zeitungspapierunterlagen, die man im Garten nur an geschützten Stellen auslegen kann. Sicher ist eine natürliche Bodendecke von einiger Wirkung, leider nur begrenzt verfügbar und im Spätwinter eher nachteilig. Schließlich bliebe die in naturnahen Gärten verbreitetste Decke aus Bodendeckpflanzen, die weite Verbreitung gefunden haben. Ihre Wirkung ist teils hervorragend, jedoch nicht für alle Standorte verwendbar.

Silo-Kompost wirkt als Bodendecke im Zier- und Nutzgarten ohne jede Einschränkung sehr gut an allen Stellen, die offengehalten werden sollen. Er sieht einigermaßen einheitlich wie fruchtbarer Boden aus, wobei die dunkle Farbe ihre praktische Seite beim Wärmefang beweist. Er unterdrückt bis zu einem gewissen Grad den Unkrautwuchs, erleichtert zumindest dessen Beseitigung. Er bringt zum Humus einige Spuren Nährstoffe mit, regt pflanzliches und tierisches Bodenleben an, mit einem Wort, bringt bei der praktischen Anwendung im Garten alle Vorteile und kaum einen der Nachteile anderer Bodendeckmittel. Vor allem deshalb, weil die Gefahr des Mäuse- und Wühlmausbefalls bei Drei- bis Viermonatskompost geringer ist.

Kompost nicht auf den Rasen

Erstaunlicherweise glauben viele, daß Rasen eine anspruchslose, robuste Kultur sei. Vermutlich, weil darauf herumgelaufen wird. In Wirklichkeit ist die Gruppe der Rasengräser anspruchsvoll, auch was den Boden angeht. Schwierig ist, die Grasnarbe vor Verdichtung zu bewahren, wenn die Familie jeden Sommer lang darauf wohnt. Daß mit Vertikutiergeräten, Harken mit gebogenen Messerzinken, nicht viel anzufangen ist, merkt man schon beim Drüberziehen. Die schneiden nicht wirklich vertikal durch, sondern ritzen oben entlang. Das ist nicht wertlos, nur lockert es den Boden wenig.

Dann kamen die Aerifiziergeräte, teilweise einfache Stacheln, teils fingerdicke Holznadeln, Erdwürstchenstecher. Hier stellte sich heraus, daß die Stecherei, auch mit der Grabegabel, glatt verschmierte Lochwände hinterläßt, sofern der Boden etwas lehmig ist. Überall da, wo das Aerifizieren wirklich nötig wäre, wirkt es um so weniger, je nötiger es war. Durch die glatten Wände dringt erheblich weniger Luft, als wenn der ursprüngliche Zustand herrschte. Da hilft nicht viel, Lawn-Sand (eine englische Erfindung aus Sand, Lehm und Torf in unterschiedlichen Anteilen) dick aufzutragen und mit Reiserbesen in die Löcher zu bürsten. Sie sind dann nur wieder zu.

Als erstes ist statt dessen nötig, den Dauerhumusanteil zu erhöhen. An schlimmen Stellen wird empfohlen, die Grasnarbe abzuschälen, den Boden darunter dauerhaft zu verbessern und den Rasen wieder darüber zu legen. Das ist für Sonderfälle eine wirksame Methode. Es ist nicht schwierig, denn die Soden lassen sich vom Untergrund leicht abheben, sie wachsen schnell spurlos wieder zusammen. Die Erdfläche darunter wird bearbeitet wie anderes Gartenland zur Pflanzvorbereitung.

Das ist nichts für jedes Jahr und die ganze Fläche. Ohne regelmäßige Humusversorgung kommt es zu Nährstoffmangel im Wurzelbereich. Reichliche Mineraldüngergaben führen einseitig eher noch mehr zur Verdichtung. Im Sommer verdorrt der Rasen auf zu dünner Narbe oder es kommt zu stauender Nässe, Unkrautwuchs, Moosbildung. Zwar hat Prof. Fruhstorfer nachgewiesen, daß eine Rasenfläche auf Sandboden eine eigene Humusschicht aufbaut, aber ohne die Belastung eines Familienbetriebes im Sommerhalbjahr, außerdem dauert es Jahrzehnte. Bis dahin ist Humuszufuhr unentbehrlich. Nähere Einzelheiten zum Rasenthema insgesamt bieten die Lehrmeister-Bücher Nr. 304 „Rasenanlage und Rasenpflege" sowie Nr. 305 „Rasen-Lexikon".

Da Unterfüttern kein Dauerzustand sein kann, bleibt als zweitbeste Lösung das Drauffüttern. Eine etwas robuste Methode für härtere Gräser, das feine Untergras bleibt unter Umständen darunter weg. Dabei macht sich bemerkbar, was meist übersehen wird: Gräser können krank werden, wie jede andere Pflanzenart. Es gibt Schimmelarten, die sich auf Weide- und Wiesengrasland bisher als wirtschaftlich unbedeutend erwiesen haben. Auf dem Rasen aber kann der Schneeschimmel eine Grünfläche wertlos machen. Deshalb empfehlen Rasen-Fachleute, auf der Grasnarbe keine Mulmschicht ablagern zu lassen. Auch aus diesem Grunde, nicht nur wegen der Regenwürmer, wird das Abfegen nach dem Mähen oder das Auffangen der Grasschnipsel angeraten. Es muß nicht, kann aber zu Schimmel, Fäule und Unterdrückung der zarten Feingräser führen.

Ein Rasen ist keine Wiese, über die man mit dem Miststreuer fahren darf. Das ändert sich im Herbst nicht, wenn das Halmwachstum abgeschlossen ist; denn die Gräser ziehen sich nicht wie viele Stauden vollständig in die Erde zurück. Es müßte deshalb bei Kompostgaben darauf geachtet werden, daß sie gleichmäßig, dünn und fein aufgetragen werden, ohne die Graspflanzen zu verschütten. Anschließend müßte man ihn mit Fächer- oder Reisigbesen möglichst tief in die Grasnarbe einmassieren. Grobe Bestandteile werden abgeharkt. Wenn möglich, sucht man sich dafür nicht das herbstliche Regenwetter, sondern den mildtrockenen Altweibersommer nach Ende September aus.

Auf dem Rasen kommt es darauf an, wie hoch die Anteile an Dauerhumus sind. Es geht nicht darum, die leichte Verrottung andauern zu lassen, sondern mit möglichst wenig Aufschüttung tiefgreifende Humusanreicherung zu erreichen. Aus dem Kompostsilo wird man deshalb solche Partien für den Rasen aussuchen, die torfreich und weitgehend ausgereift sind, homogen und frei von faulenden Stoffen. Wichtig ist außerdem, daß der Kompost keine keimfähigen Unkrautsamen, Trieb- oder Wurzelstücke enthält, auch keine Regenwurmeier oder Jungwürmer. Da der Rasen bei gutem Wetter bis zum Schneefall weiter betreten wird, sollte nichts in der Auflage sein, was man sich ungern ins Haus trägt. Das bedeutet praktisch: kein Kompost auf den Rasen.

Kompost als Humusdünger

Fachleute für Pflanzenernährung sind sich darin einig, daß es für die Gartenpraxis nicht genügt, eine Plastiktüte Volldünger zu kaufen und zwei- bis dreimal jährlich über das Land zu verteilen. Auf diese Weise werden nur die mineralischen Nährstoffe ersetzt, die von Pflanzenwurzeln aufgenommen oder ausgewaschen wurden. Damit wäre, falls die richtigen Mengen gestreut worden sind, der alte Zustand wieder hergestellt. Viele bezweifeln, daß darin viel Gewinn liegt, weil die Pflanzen nur zu bestimmten Zeiten ein höheres Nährstoffangebot brauchen. In den anderen Zeiten können sie nicht einfach die Aufnahme schließen. Sie überfressen sich zur Unzeit und verlieren damit an gesunder Robustheit und Qualität.

Der langsam in kleinen Mengen aus organischen Stoffen aufgebaute Nährstoff, ein leichter Mangel, kommt dem Wachstumsrhythmus der Pflanzen besser entgegen. Daß diese Portionen in der Lage sind, gegenüber Vergleichsparzellen ohne Düngung erhebliche Ertragssteigerungen zu erzielen, ist mit wissenschaftlichen Versuchen bewiesen worden. Am größten war der Unterschied bei Gurken mit 181,3 % mehr als auf der Kontrollfläche (mit 100 angesetzt). Danach folgte in der Menge des Mehrertrages Grünkohl mit 148 %, Weißkohl mit 131,2 %, Erbsen mit 127,2 %, Rote Bete (Rüben) 123,2 %, Zwiebeln mit 121,9 %. Einzige Ausnahmen waren Möhren und Porree.

Was für einige Gemüsearten festgestellt worden ist, gilt ebenso für Zierpflanzen, die reicher blühen, schöneres Laub, mehr und größere Zierfrüchte tragen, gesünder und kräftiger dastehen. Deutliche Unterschiede zwischen Flächen mit Kompostgaben und kompostlosen hat man bei Zierstauden gesehen, je nach den Bodenansprüchen unterschiedlich stark. Bei Rosen machte sich im Gegensatz zur allgemeinen Auffassung eine reichliche Humusfütterung besonders deutlich bemerkbar.

Moorbeetpflanzen wie Rhododendren, Azaleen, Eriken, Kulturheidelbeeren sind die einzigen Pflanzengattungen, die keinen Kompost bekommen sollten. Sie gedeihen am besten bei einem pH-Wert von 4,5 bis 5,0. Je höher der Wert ansteigt, je kalkreicher der Boden, um so weniger können die Pflanzen beispielsweise das Eisen aufnehmen, um so mehr leiden sie unter Chlorose, um so schlechter wachsen und blühen sie. Gute Ergebnisse erzielt man mit Rhodohum, einer Mischung mehr und weniger stark zersetzter Hochmoortorfe, die mit Spurenelementen sowie allen Hauptnährstoffen angereichert sind, ohne Kalkzusatz. Dasselbe gilt für Humintorf, der ohne Zusätze, nur speziell aufbereitet und in der Polyverpackung naturfeucht, also sofort gebrauchsfertig geliefert wird.

Wann und wieviel Kompost?

Sobald der Dreimonatskompost fertig, also schwarz und krümelig ist, kann er jederzeit auf bepflanzte und unbepflanzte Beete ausgebracht werden. Für den Rasen ist Ende September der beste Zeitpunkt, ausnahmsweise vom Frühjahr bis zum Schneefall, wenn der Kompost nicht anderweitig gebraucht wird.

Wer wenig Kompost sammelt, sollte seinen Silo mindestens einmal jährlich ausleeren, ebenso wenn der Kompost naß geworden ist. Bei vorwiegender Kompostierung von Rasenschnitt, Gemüse- und Obstabfällen bleibt der Kompost zu naß, wenn man nicht reichlich Floratorf, Hygromull oder Hygropor (s. S. 47ff.), Erde, Papier, Wellpappe zusetzt. Wir können nicht warten, bis der Kompost von selbst trocken ist. Auf die Beete gebracht, reift er im Freien. Besser setzt man ihn um und fügt dabei die genannten Stoffe schon im Laufe des Jahres zu. Dort, wo in ganz wenigen Fällen die Kompostierung im Silo nicht klappt, hat man diese Zusätze unterlassen und die Abfälle nicht zum Schutz vor Niederschlägen und Sonne abgedeckt. Je öfter man den Silo im Laufe des Jahres leert, um so besser ist die Kompostqualität. Wer nicht genug Abfälle zusammenbekommt, läßt die Nachbarn in seinen Komposter einfüllen. Vor allem in den Spitzenzeiten des Abfall-Anfalls, vom ersten Rasenmähen bis zum Laubfall, sind die Mülleimer zu klein.

Kompost, speziell Dreimonatskompost aus dem Silo, kann man in unbeschränkten Mengen auf leichten und mittelschweren Böden ausbringen. Schwere Böden sind etwas problematischer. Mücke, der seinen schweren Lößlehmboden allzu gründlich mit Kompost versorgte, hat nicht nur gute Erfahrungen gesammelt. Nach 17 Jahren hatte er immer noch keinen idealen, lockeren Gartenboden. Auch Hygropor, ein hervorragendes Mittel zur Verbesserung von Blumenerden, brachte keine Lösung. Zusatz von 50 l/m^2 Sand führte zusammen mit dem Kompost zu mehr Bodenfruchtbarkeit. Das ist das Ergebnis aus einem einzelnen Garten. Die Forschung muß hier noch eine Menge tun.

In manchen Gärten mit schweren Böden wird man die Sandanreicherung mehrere Jahre hintereinander wiederholen müssen. Sand läßt sich am besten einmischen, indem der Boden im Herbst grobschollig und tief umgegraben wird. Den Sand arbeitet man im Frühjahr in den frostgaren Boden ein. Im Sommer läßt sich der Sand nur mit der Fräse einbringen. Mücke war der Überzeugung, daß sich Sandverbesserung im kleinen Garten lohnt. Da Kosten und Mühe bei großen Gärten unerheblich sind, wird in der Literatur darüber nicht berichtet. Forschung wäre auf diesem Gebiete lohnend.

Kompost in der Topferde

Zur Topfpflanzenkultur empfehlen selbst Kompostsilo-Hersteller die beiden Torfkultursubstrate TKS 1 und TKS 2. In der gesamten Atmosphäre geschlossener Keimräume ist verrottbare Substanz ein unnötiges Risiko. In diesen frühen Stadien muß die Bodenlösung nährstofffrei sein.

Die Praxiserde soll ebenfalls frei von faulungsfähigen Stoffen sein, darüber hinaus, so weit es geht, vergießfest. Jedenfalls werden sie in diesem Punkt am TKS gemessen. Selbst wenn zuviel gegossen wird, wenn der Abzug verstopft ist oder keiner vorhanden, wenn das Gieß- oder Regenwasser bis zum Wurzelhals steht, darf ein Substrat für Pflanzgefäße nicht gleich versauern. Da die Wasserversorgung zu den schwierigsten, bis heute nicht voll gelösten Problemen der Topfpflanzenpflege gehört, kann dieser Punkt gar nicht hoch genug eingeschätzt werden.

Gegenwärtig verbreitet sich der mobile Garten, das Pflanzgefäß größeren Umfangs neben den vielen herkömmlichen Gefäßarten und Kästen auffallend. Wo die Experten des Zierpflanzenbaus zusammensitzen, verkündet ein Präsident oder Hauptgeschäftsführer, der Trend zu Kübel und Kasten hält an, verstärkt sich, ist nach aufwärts gerichtet, abgelesen an den Absatzzahlen. Die Folge: Ein schwunghafter Handel mit Beutelerden und anonymen Erden, in denen der letzte Dreck zusammengefegt wurde.

Da ist es weniger riskant, den eigenen Kompost mit reichlich Floratorf zu mischen. Selbstverständlich wird man dazu aus dem Silo nur ausgereiften Altkompost nehmen, der unter einer Abdeckung gelegen hat. Übrigens bedeuten die amtlich aussehenden LUFA-Siegel keine große Sicherheit. Auf Keimfreiheit werden die Erden nicht geprüft, die Bodenstruktur nur nach dem Augenschein. Das Unwesentlichste an der ganzen Erde, den Nährstoffgehalt untersuchen sie. Vermutlich, damit überhaupt etwas geprüft ist.

Es ist deshalb nichts dagegen einzuwenden, den Eigenkompost in die Blumentöpfe zu füllen. Balkonkästen, Fensterkästen und freistehende Pflanzgefäße, vor allem die größeren, können zumindest mit eigenen Erden gemischt gefüllt werden. Es ist auch eine Kostenfrage: Billig sind diese minderwertigen Beutelerden keineswegs.

Zur Anzucht von Topfblumen sind die Torfsubstrate unersetzbar, TKS 1 für Jungpflanzen, TKS 2 für Zierpflanzen. Aus preislichen Gründen empfiehlt es sich weniger, die kleine Pakkung TKS 1 zu 20 l oder die neue TKS Blumentorferde zu 40 l. Wirtschaftlicher ist die Großpackung im Poly-Preßballen mit 300 l Entnahmemenge oder die Polyverpackung mit 160 l. Beide TKS-Varianten sind weniger wasserscheu gemacht worden, als Instant-TKS sofort gebrauchsfertig, da sie schneller Wasser aufnehmen. Sie unterscheiden sich nur in der Nährstoffmenge: TKS 1 enthält die Hälfte: 180 mg/l Stickstoff, 180 mg/l Phosphat, 255 mg/l Kali, 1,3 mg/l Bor, 0,6 mg/l Kupfer, 1,5 mg/l Mangan, 0,3 mg/l Zink; gleich hoch ist in TKS 1 und 2 der Kalkgehalt mit 1350 mg/l, Molybdän 1 mg/l, Eisenchelat 0,8 mg/l; Magnesium ist mit 180 mg/l und 210 mg/l enthalten. Eine Kleinigkeit läßt sich sparen, indem man dieselbe Menge TKS 2 und Floratorf mischt, das ergibt in etwa ein TKS 1. Nähere Einzelheiten in der „Torffibel" Lehrmeister-Buch Nr. 637.

Mücke sagte, daß wir nicht auf Torfprodukte verzichten können. Für die Balkonpflanzen hat er ein Verfahren entwickelt, das von der Bodendecke im Freiland übernommen wurde: Er legte eine 5 bis 10 cm hohe Schicht Kompost auf die Torfsubstrate. Das hat ähnliche Wirkungen wie draußen, nur daß der Verdunstungsschutz an dieser Stelle am wichtigsten ist.

Eine weitere naheliegende Anregung kommt aus Mückes Gartenpraxis: Er säte die Setzpflanzen in Gemüseflachsteigen (mit TKS 1 gefüllt), weil sie über die vier Eckpfosten leicht mit Klarsichtfolie zu überspannen sind. Brauchen sie mehr Wärme, stellt er sie in den Kompostsilo, wo sie von unten wie in einem Frühbeet aufgeheizt werden. In dem Fall ist der Deckel gegen eine lichtdurchlässige Folie zu ersetzen.

In der häuslichen Zimmerpflanzenpflege kann Kompost nicht roh verwendet werden. Nur die anspruchslosen Gewächse unseres weitgehend exotischen Topfpflanzen-Sortiments gedeihen in gewachsener Garten-, Acker- oder Walderde, andere stellen speziellere Ansprüche. Die handelsüblichen Einheitserden und Kultursubstrate sind locker und lufthaltig genug, um bei unsachgemäßem Gießen nicht zu versauern, trotzdem geben sie den Wurzeln genug Halt, daß auch größere Gummibäume fest darin stehen.

Nur für zwei große beliebte Pflanzengruppen reicht das nicht aus: Kakteen und Orchideen brauchen Sondererden, die aus festen Anteilen bestimmter Erdarten und Zusätzen bestehen. Kakteenerde verlangen alle Sukkulenten, Dickblattgewächse aus Wüsten- und Steppengebieten, die während der Wachstumszeiten in Blatt, Stamm oder Wurzel Wasser speichern, um es in der folgenden Trockenzeit zu verbrauchen. Das muß in der Zimmerkultur beachtet werden. Orchideenerde nehmen in Abwandlung auch andere Epiphyten, in Astgabeln oder in luftiger Höhe auf Bäumen wachsende Aufsitzer. Ihre Wurzeln sind auf bestimmte Pilzrasen angewiesen, die nicht in der Erde vorkommen. Epiphytenmischungen enthalten daher hauptsächlich Torfmoos oder Königsfarnwurzeln, Buchenlaub, Sand, in Sonderfällen gemischt mit Rasenerde, Torfbrocken, Holzkohle; zur weiteren Auflockerung kann man Hygropor zufügen.

Das sind keine Ausnahmen; denn schließlich gehören hierhin alle Aechmeen, Ananas, Billbergien, Cryptanthus, Guzmanien, Neoregelia, Nidularium, Tillandsia, Vrieseen. Es gibt andere Arten mit Sondererden, deren jährlicher Absatz zweistellige Millionenstückzahlen erreicht, die Heidekrautgewächse. Sie brauchen eine Mischung aus Nadel- und Lauberde (angerottet) Torf und Sand. Außerdem lassen sich diese und andere kalkfliehende, lufthungrige Arten in Floratorf halten, in torfreichen Gemischen, die mit physiologisch sauren Mineraldüngern angereichert und in den richtigen pH-Zustand gebracht worden sind.

In diesen Fällen ist Kompost nicht brauchbar. Kompost eigentlich überhaupt nicht, sondern erst was danach kommt, die Komposterde, die völlig verrottet ist. Sie gehört zu den wertvollsten gärtnerischen Erden für nährstoffbedürftige Starkzehrer. Die meisten Zimmerpflanzen stammen jedoch aus subtropischen und tropischen Wäldern, deren Boden aus verrottetem Laub bestand und nur wenig nahrhafte mineralische Stoffe enthielt. Daher die vielen Lauberden in Topfpflanzenmischungen. Normalerweise dauert es zwei bis vier Jahre, ehe das oft umgeschichtete Laub, am besten eignet sich Buchenlaub, soweit verrottet ist, daß es Erden beigemischt werden kann. Im Komposter läßt sich das in einem Drittel bis einem Viertel der Zeit erreichen.

Frische Erden für Topfgewächse werden hauptsächlich in der Umtopfzeit Februar/März gebraucht. Komposterde ist jedoch nicht unbegrenzt lagerfähig. Folglich müßte eine Komposterde mit hohen Laubanteilen im Herbst angesetzt werden, so daß sie im Frühjahr aus dem Komposter genommen und im Jahr darauf als reife, abgelagerte, keim- und unkrautfreie Topferde in ausreichenden Mengen verfügbar wäre. Wenn hygienische Einwände gemacht werden, darf an das Wort von Hermann Seyboth in seinen „Wehklagen der Gartenbesitzer" erinnert werden: Trotz ihrer dunklen Farbe ist die Komposterde so sauber, daß sie die Hände nicht zu beschmutzen vermag.

Trotz unterschiedlicher Ansprüche der Zimmerpflanzen sollte nicht der Eindruck entstehen, es ginge immer noch um jene apothekerhaften Geheimrezepte, mit denen die Gärtner früher für jede einzelne Pflanzenart ein besonderes Pülverchen zusammenrührten. An die Stelle der Erdmischungen für Einzelarten sind die Einheitsmischungen getreten, die für große Gruppen von Spezialkulturen zusammengestellt sind. Die Bedeutung der Nährstoffe im Substrat ist geringer geworden, da mit modernen Flüssigdüngern jede Pflanze nach ihrem Wuchs- und Entwicklungsstand versorgt werden kann.

Abb. 13 Der fahrbare Samix Allesfresser S-EF ist wie die anderen beiden Typen 1,33 m hoch, 50 cm breit und 1,15 m lang. Das Gewicht beträgt 52 kg.

Stichwortverzeichnis